多维技术支持下的地籍测量与管理研究

颜加斌 著

西北工業大學出版社

西 安

【内容简介】 本书针对地籍测量实习过程中多维技术对地籍测量工作的实施进行较为系统的研究，制定了一套切实可行的、详细的测量策略，并全面、系统地论述了地籍管理的理论与实际操作方法；从我国的体制和制度出发分析了地籍管理的目的、构成和方法，同时介绍了当前世界上许多地区和国家地籍管理方面的机构、制度和做法，为读者理解地籍管理制度和日后推行地籍制度的改革，奠定理论基础。

本书可作为高等职业学校、高等专科学校测绘相关专业学生的教材，也可供测绘工程技术人员参考使用。

图书在版编目(CIP)数据

多维技术支持下的地籍测量与管理研究 / 颜加斌著. —西安：西北工业大学出版社，2022.7

ISBN 978-7-5612-8274-8

Ⅰ. ①多… Ⅱ. ①颜… Ⅲ. ①地籍测量-研究 ②地籍管理-研究 Ⅳ. ①P27

中国版本图书馆 CIP 数据核字(2022)第 147845 号

DUOWEI JISHU ZHICHIXIA DE DIJI CELIANG YU GUANLI YANJIU

多维技术支持下的地籍测量与管理研究

颜加斌 著

责任编辑：王玉玲 **策划编辑**：张 晖

责任校对：朱晓娟 **装帧设计**：李 飞

出版发行：西北工业大学出版社

通信地址：西安市友谊西路 127 号 邮编：710072

电 话：(029)88493844，88491757

网 址：www.nwpup.com

印 刷 者：西安五星印刷有限公司

开 本：787 mm×1 092 mm 1/16

印 张：12.25

字 数：298 千字

版 次：2022 年 12 月第 1 版 2022 年 12 月第 1 次印刷

书 号：ISBN 978-7-5612-8274-8

定 价：78.00 元

前　言

土地是财富之母，劳动是财富之父。大自然赐予的珍贵土地是人类生产、生活活动得以长期顺利进行的物质基础。实施和推进可持续战略需要科学、高效地推进地籍管理，高效利用有限的土地资源，并为建设资源节约型社会和环境友好型社会贡献力量。对珍贵、有限的土地资源地籍进行有效管理十分必要和迫切。

合理地开发、利用好每一寸土地，管理好土地，对社会经济的可持续发展至关重要。地籍测量是土地管理的一项基础性、技术性工作，是获取翔实的土地数据和信息的重要手段，近年来在我国已全面开展。鉴于大多数测绘工程专业的学生到生产单位后都从事该项工作，而今后一段时间内，地籍测量也将是测绘生产单位的一项主要测绘工程项目，因此，培养学生扎实的地籍测量专业能力，适应目前测绘生产的需要，将是测绘工程专业教学面对的重要课题。地籍管理是指对地籍测量、土地登记、土地统计等资料数据进行编排、整理、估价的各项管理工作。地籍管理的对象是土地这一自然资源和重要的生产资料，其核心是土地权属。完整地籍管理制度可以及时掌握土地数量和质量情况，也可以对土地资源利用与权属变更进行动态管理。

我国目前正处于土地管理制度改革进一步深化和新旧技术交替的特殊时期，本书在内容上既介绍了地籍技术发展的基本知识和地籍测量的基本技能，也充实了各项工作的新技术的应用内容。近年来，地籍管理工作发生了巨大的变化：土地分类发生了多次变化，且形成了国家统一的标准；2008 年开始展开第二次土地调查；土地利用动态监测有了新的规程；土地分等定级技术日益成熟，积累了长期的和广泛的实践经验；土地统计和土地登记又有了许多新的，甚至是变化巨大的新制度。本书努力收集和引用了最新的资料，介绍了最新的地籍测量与管理方法，按新的技术规范展开陈述。

本书主要分为两大部分，较全面地介绍了土地管理的概念、内容及与地籍测量的关系，具体阐述了地籍测量的内容、理论和方法，介绍了最新测量技术在土地管理、地籍测量中的应用。本书可作为高等职业学校、高等专科学校测绘相关专业学生的教材，也可供测绘工程技术人员参考使用。

在本书的编写过程中，得到土地管理单位与有关测绘单位的支持，并参阅了大量的文献及相关单位的资料，在此一并致谢。

由于笔者水平有限，书中难免存在疏漏和不足，还望同仁不吝批评指正。

著　者

2022年9月

目　　录

第一章　地籍测量与管理概述

地籍的产生源于税收的需要，其概念和内涵随着人类历史的衍变而不断变化。目前，对地籍更为全面的解释是，“由国家监管的、以土地权属为核心、以地块为基础的土地及其附着物的权属、界址、数量、质量（等级）和土地利用状况等土地基本信息集合的数据、表册和图册。”随着社会发展，其服务范围也在不断扩大，地籍的分类根据其发展阶段、对象、目的和内容的不同，表现出不同的类别体系。作为土地的“户籍”，地籍也具有空间性、法律性、精确性和动态性等鲜明特点。在其发展过程中，它的作用由为税收服务发展成全面为土地管理服务、为国家管理和决策服务、为社会各方面提供服务。

第一节　地籍概述

一、地籍的含义

“地籍”一词在国外最早的出处有两种观点：一种认为来自拉丁文 caput 和 capitastrum，即“课税对象”和“课税对象登记簿册”；另一种认为源于希腊文 katastikhon，即“征税登记簿册”。在我国，地籍最初也是为了增收赋税而产生的，并且有着悠久的历史。早在公元前 2100 年的夏禹时期，就有了地籍的雏形，以后随着社会的进步和科学技术的发展，人们对土地的认识和利用程度不断提高。统治阶级为了维护其阶级利益，对土地实施了一系列管理，地籍的含义也在不断地发展和丰富，从最初的“税收地籍”到“产权地籍”，再到今天的“多用途地籍”，不同时期的地籍无论是在内容上还是在形式或载体以及功能上都有很大程度的丰富和完善。目前对地籍的主流解释为，由国家监管的，以土地权属为核心、以地块为基础的土地及其附着物的权属、位置、数量、质量和利用现状等土地基本信息的集合，并用数据、表册、文字和图等各种形式表示。

（一）地籍是由国家建立和管理的

国家要维护政权、巩固政权、发展宏观经济、调整生产关系，就要征收赋税、制定政策、编制规划。土地是人们赖以生存的不可替代的重要生产资料，地籍是土地基本信息的集合，因此，地籍是国家制定政策、编制规划、征收赋税的重要依据。地籍出现至今，都是国家为解决土地税收或保护土地产权的问题而建立的，尤其是自 19 世纪以来，其更明显地带有国家功利性。在国外，地籍测量称作官方测量。在我国，历次地籍的建立都是由政府下令进行的，其目的是为了保证土地的税收、保护土地所有者和使用者的合法权益、保护土地资源、实现对土地的可持续利用。

(二)土地权属是地籍的核心

地籍定义中强调了“以土地权属为核心”,即地籍是以土地权属为核心对土地诸要素隶属关系的综合表述,这种表述毫无遗漏地针对国家的每一块土地及其附着物。不管是所有权还是使用权,是合法的还是违法的,是农村的还是城镇的,是企事业单位、机关、个人使用的还是国家和公众使用的(如道路、水域等),是正在利用的还是尚未利用的或不能利用的土地及其附着物,都是以土地权属为核心进行记载的,都应有地籍档案。

(三)以地块为基础建立地籍

土地在空间上是连续的,一个区域的空间连续土地根据被占有、使用等原因被分割成边界明确、位置固定、具有不同权属的许多块。地籍的内涵之一就是以地块为基础,准确地描述每一块土地的自然属性和社会经济属性,并以地块为基础建立相应独立的地籍档案。

(四)地籍必须描述地块内附着物的状况

地面上的附着物是人类赖以生存的物质基础,是建立在土地上的,是土地的重要组成部分。在城镇,土地的价值是通过附着在地面上的建筑物内所进行的各种生产活动来实现的,建筑物和构筑物是土地利用分类的重要标志。“皮之不存,毛将焉附”,土地和附着物是不可分离的,它们各自的权利和价值相互作用、相互影响。

历史上早期的地籍只对土地进行描述和记载,并未涉及地面上的建筑物、构筑物,但随着社会和经济的发展,尤其是产生了房地产市场交易后,由于房、地所具有的内在联系,地籍必须对土地及其附着物进行综合描述。图 1-1 表达了土地、地块、附着物与地籍的关系。

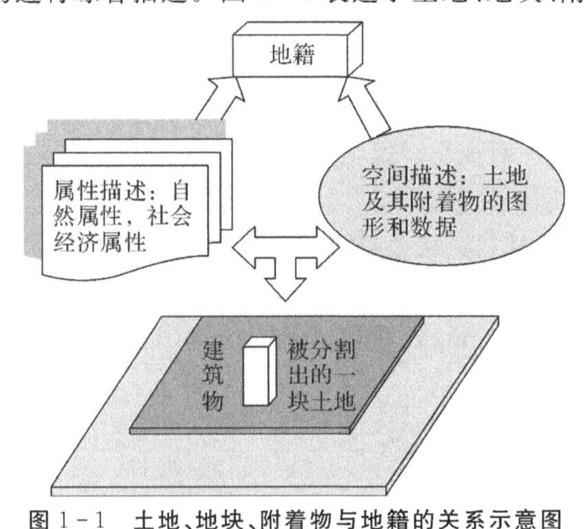

图 1-1　土地、地块、附着物与地籍的关系示意图

(五)地籍是土地基本信息的集合

地籍包括土地调查册、土地登记册和土地统计册,用图、数、表的形式描述了土地及其附着物的权属、位置、数量、质量和利用状况(简称土地清册),图、数、表之间通过特殊的标识符(关键字)相互连接,这个标识符就是通常所说的地块号(宗地号或地号)。

“图”是指地籍图，即用图的形式直观地描述土地及其附着物之间的相互位置关系，包括分幅地籍图、专题地籍图、宗地图等。

“数”是指地籍数据，即用数的形式描述土地及其附着物的位置、数量、质量、利用现状等要素，如面积册、界址点坐标册、房地产评价数据等。

“表”是指地籍表，即用表的形式对土地及其附着物的位置、法律状态、利用状况等进行文字描述，如地籍调查表、土地登记表和各种相关文件等。

在土地基本信息集合中回答了以下土地及其附着物的 6 个基本问题：

第一，“是谁的”，具体指权属主与土地及其附着物之间的法律关系。

第二，“在哪里”，具体指土地及其附着物的空间位置，一般用数据(坐标)和地籍编号进行描述。

第三，“有多少”，具体指对土地及其附着物的量的描述，如土地面积、建筑面积、土地和房屋的价值或价格等。

第四，“在什么时候”，具体指土地及其附着物的权利和利用的发生、转移、消灭等事件的时间。

第五，“为什么”，具体指土地及其附着物的权利和利用的存在依据及其有关说明。

第六，“怎么样”，具体指土地及其附着物的权利和利用的发生、转移、消灭等事件的过程说明或依据。

二、地籍的种类

随着地籍使用范围的不断扩大，其内容也愈加充实，类别的划分也更趋合理。地籍按其发展阶段、对象、目的和内容的不同，可以划分为不同的类别体系。

(一)按地籍的用途划分

按地籍的用途划分，地籍可分为税收地籍、产权地籍和多用途地籍。在一定社会生产方式下，地籍具有特定的对象、目的、作用和内容，但它不是一成不变的。地籍发展的过程也是地籍用途不断扩张的过程。

1. 税收地籍

税收地籍是资本主义早期采用的一种地籍制度，其目的是为国家税收服务。因此，税收地籍的内容必须解决以下两个问题：一是向谁收税，即在地籍资料中要反映纳税人的姓名和地址；二是收多少税，即在资料中要有土地面积数据和确定税率而需要的土地等级。

2. 产权地籍

产权地籍亦称法律地籍。这是资本主义发展到一定阶段的产物。随着经济的发展和社会结构的复杂化，土地交易日益频繁和公开化，地籍不但要用于税收，还要用于产权保护。产权地籍是国家为维护土地所有制度、保护土地所有者使用者的合法权益、鼓励土地交易、防止土地投机、保护土地买卖双方的利益而建立的土地清册。凡经登记的土地，其产权证明具有法律效力。产权地籍最重要的任务是保障土地所有者、使用者的合法权益和防止土地投机。为此，产权地籍必须以反映宗地的权属、界线和界址点的精确位置以及准确的土地面积等为主要内容。

3. 多用途地籍

多用途地籍亦称现代地籍，是税收地籍和产权地籍的进一步发展，其不仅是为课税或保护产权服务，更重要的是为土地利用、保护和科学管理提供基础资料。经济的快速发展和社会结构复杂化的加剧为地籍应用领域的扩张提供了动力，而科学技术的发展则为地籍内容的深化和扩张提供了强有力的技术支撑，从而使地籍突破税收地籍和产权地籍的局限，具有多用途的功能。与此同时，建立、维护和管理地籍的手段也逐步被信息技术、现代测量技术和计算机技术所代替。

以上 3 种地籍的关系可用图 1－2 表示。

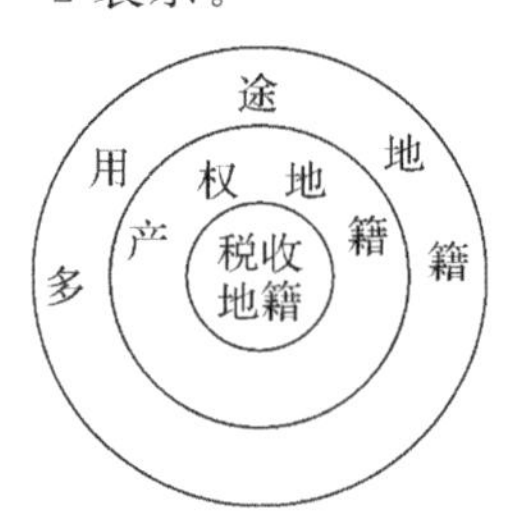

图 1－2　各种地籍关系示意图

(二)按地籍的特点和任务划分

按地籍的特点和任务划分，地籍可分为初始地籍和日常地籍。初始地籍是指在某一时期内，对其行政辖区内全部土地进行全面调查后，建立的新的土地清册(不是指历史上的第一本簿册)。

日常地籍是针对土地及其附着物的权属、位置、数量、质量和利用状况的变化，以初始地籍为基础进行修正、补充和更新的地籍。初始地籍和日常地籍是不可分割的完整体系。初始地籍是基础，日常地籍是对初始地籍的补充、修正和更新。如果只有初始地籍而没有日常地籍，地籍将逐步变得陈旧，成为历史资料，缺乏现势性，失去其使用价值。相反，如果没有初始地籍，日常地籍就没有了依据和基础。

(三)按城乡土地的不同特点划分

按城乡土地的不同特点划分，地籍可分为城镇地籍和农村地籍。城镇土地和农村土地具有不同的利用特点和权利特点。城镇地籍的对象是城镇的建城区的土地，以及独立于城镇以外的工矿企业、铁路、交通等用地。农村地籍的对象是城镇郊区及农村集体所有土地，国有农场使用的国有土地和农村居民点用地等。由于城镇土地利用率、集约化程度高，建(构)筑物密集，土地价值高，位置和交通条件所形成的级差收益悬殊，城镇地籍的图、数通常具有大尺度和高精度的特征，而农村地籍则相反。

在地籍的内容，土地权属处理，地籍的技术和方法及其成果整理、编制等方面，城镇地籍比农村地籍有更高、更复杂的要求。在实践中，由于农村居民地(村镇)与城镇有许多相同的地方，农村地籍的居民地部分可以按城镇地籍的相近要求建立，并统称为城镇村庄地籍。随着技术的进步和社会经济的发展，将逐步建立城乡一体化地籍。

（四）按地籍手段和成果形式划分

按地籍手段和成果形式划分，地籍可分为常规地籍和数字地籍。这是近年来地籍手段快速发展引起的一种分类，具有普遍性和必然性。

常规地籍一般以过去通常运用的手段和形式来完成地籍信息的收集、调查、记载、整理，用常见形式，即通过建图、表、卡、册、簿等方式来表现地籍资料。常规地籍费工费时，应用、管理不便，差误防范困难。

数字地籍从基础调查资料起，以数字的形式存储于体积小、重现度高的存储介质中，通过规范的程序实现整理、分类、汇总及建库。无论图形资料还是数据资料，都转化为数字形态，从而省略了累赘不便的图、表、卡、册、簿。数字地籍具有处理能力强，省工节时，可以有效防止加工整理差误，检索快捷、准确，表现形式生动等优越性。它代表着地籍现代化的方向。

除此以外，也有人按行政管理层次将地籍管理分为国家地籍管理和基层地籍管理。将县和县以上的地籍管理划为国家地籍管理，乡和村的地籍管理划归基层地籍管理。

三、地籍的特点

地籍具有空间性、法律性、精确性和动态性的特点。

（一）地籍的空间性

地籍的空间性是由土地的空间特点所决定的。在一定的空间范围内，地界的变动，必然带来土地使用面积的改变，各种地类界线的变动，也一定带来各地类面积的增减变化。因此，地籍的内容不仅需要记载在地籍簿册上，同时还应标绘在地籍图上，并力求做到图册与簿册相一致。

（二）地籍的法律性

地籍的法律性是指地籍图上界址点、界址线位置的标定和地籍簿上的权属记载及其面积的登记都应遵守严格的法律程序并有充足的法律依据，甚至有关凭证还是地籍的必要组成部分。地籍的法律性体现了地籍图册资料的可靠性。

（三）地籍的精确性

地籍的精确性是指地籍资料的获取一般要通过实地调查获得，同时还要运用先进的测绘和计算方面的科技手段，否则就会使地籍数据失真。

（四）地籍的动态性

一方面，地籍的内容在随着自然条件和社会经济条件的变化而变化，比如面积、等级、权属等。为反映地籍资料的现势性，必须经常更新地籍资料，否则地籍资料会失去应有的使用价值。另一方面，地籍的服务范围也随着社会的发展、技术的进步逐步扩大，内容也在不断丰富。地籍始终处在一个发展变化的过程中。

四、地籍的用途

地籍是以土地权属为核心，以地块为基础的土地及其附着物的权属、数量、质量、位置和利用现状的土地基本信息的集合，它不仅是全面、统一、依法、科学管理土地的必不可少的资料，同时也是国家制定宏观政策的重要依据。

(一)为国家制定宏观政策、总体发展规划提供依据

土地是人类生存的基础，是财富的源泉。人类的一切活动都离不开土地。地籍是土地信息的集合，准确地反映了土地的基本状况，同时也反映了国情和国力。国家依据地籍资料制定宏观政策、总体发展规划来协调用地布局，统筹土地开发、土地保护及土地整治，调处人地矛盾、产业间矛盾，确保国民经济的全面协调发展和土地资源的可持续利用。

(二)为制定土地政策提供科学依据

土地政策包括土地制度改革政策，与土地有关的经济制度、环境保护、人类生存、个人投资或企业投资等方面的政策。这些政策的制定与准确掌握土地资源的数量、质量、用途状况是分不开的。地籍所提供的多要素、多层次、多事态的土地资源的数量、自然和社会经济状况，为国家制定土地政策和制定各项规划提供了基本依据，为组织工农业生产和进行各项建设提供了基本资料。

(三)促进土地管理工作的开展

地籍所提供的有关土地类型、数量、质量和权属等基本资料是调整土地关系和合理组织土地利用的基本依据。土地利用状况及其境界位置的资料是进行土地分配、再分配和征拨土地工作的重要依据。土地的数量、质量及其类型分布规律是编制土地利用总体规划、村镇规划、城市规划的基础。因此，在开展土地管理工作中，地籍是不可缺少的。

(四)保护土地产权不受侵害，避免纠纷

地籍调查和管理是国家政策支持下的依法进行土地管理的行政行为，所形成的地籍信息具有空间性、精确性、现势性和法律性。因此，在调处土地纠纷，恢复界址，确定地权，认定房地产权，进行房地产转让、买卖、租赁等土地管理工作中，地籍提供法律性的证明材料，从而保护了土地所有者、使用者的合法权益，避免土地纠纷的发生。

(五)为土地的经济活动提供参考

地籍产生的最初原因最明显的莫过于用于土地税费的征收。利用地籍提供的土地及其附着物的位置、面积、用途、等级和使用权、所有权状况，结合国家和地方的有关法律、法规，为以土地及其附着物的经济活动(如土地的有偿转让、出让，土地和房地产税费的征收，防止房地产市场投机等)提供可靠、准确的基本资料，从而促进以土地为目标的经济活动的正常进行。

(六)是土地科学研究的可靠资料

地籍资料真实、准确地反映了土地的分布、质量和利用等基本情况。土地科学的研究和发展离不开地籍资料。无论是对土地经济效益、生态效益、社会效益的分析预测，还是对土

地的自然、经济、法律等属性的动态规律的研究，或是在制定土地政策等方面的研究，都少不了地籍提供的资料。

第二节　地籍管理

基于对地籍的基本认识，地籍管理则应理解为针对地籍的建立、建设和提供应用所开展的一系列工作(管理)措施。地籍是土地管理的基础，地籍管理是土地管理的基础部分。

一、地籍管理的概念、目的与任务

(一)地籍管理的概念

地籍管理是指国家为建立地籍和研究土地的权属、自然状况、经济状况等土地的基本信息，建立完整的地籍图、簿册，而按统一的方法、要求和程序实施的一系列行政、经济、法律和技术工作措施体系。简而言之，地籍管理是地籍工作体系的总称。土地的权属状况主要包括权属性质、权属来源、权属界址、权利状况等；土地的自然状况主要指土地的位置、四至、形状、地貌、坡度、土壤、植被、面积等；而土地的经济状况则主要指土地等级、评估地价、土地用途等。地籍工作是通过各种地籍制度来实施的。

地籍管理的对象是具有资源和资产双重职能的土地，其核心是土地的权属管理。地籍的内涵：地籍管理是一系列有序的工作，地籍管理必须有制度作为保障，不同时期的地籍管理有着不同的技术基础，地籍管理有明确的发展方向和应用目的。

地籍的基本含义为记载土地的产权状况、位置范围、利用类型、等级价格等的图和簿册，是人们认识和运用土地的自然属性、社会属性和经济属性的产物，是组织社会生产的客观需要；地籍管理是指国家为研究土地的权属、自然、经济状况和建立地籍图和簿册而实行的一系列工作措施体系。简而言之，地籍管理是地籍工作体系的总称。可见，地籍和地籍管理是两个概念。随着现代计算机技术的发展，过去主要靠手工操作的地籍图和簿册，将逐步走上建立地籍信息系统的道路，以适应地籍信息的不断增加，变化频繁和快速、高效地籍管理的需要。

(二)地籍管理的目的

地籍管理包含许多有序的工作内容，都是为了应用的需要而设定和开展的，针对这些内容，建立管理制度，设置机构，组建队伍，设定职责权限，选用一定的手段、方法等，这一切都围绕着明确的目的。

地籍管理的总目的是随时清晰地掌握土地资源和土地资产的存在、分配、利用和管理状况，从而为土地管理服务，为国家管理服务，为生产、建设和其他需要服务。

地籍管理是土地管理的一个组成部分，为土地管理工作的需要去开展调查，取得有关信息资料，按土地管理的需要加以整理分析，同时对土地管理工作效应的反馈信息加以收集整理，及时提供给有关方面应用，成为地籍管理最直接的目的。围绕这一目的建立必要的制度，制定管理条例，设置组织机构，设定基本工作内容，并及时补充新内容，这些构成土地管理的基础工作。基础工作做不好,地籍管理将会迷失方向,或者偏离服务主体。

地籍管理工作的开展远在土地管理成为一项独立的管理事业之前便已存在。虽然当时在具体功能上是为维护政权经费支撑服务,但随着国家管理的进步和发展,地籍管理对于国家政权建设和管理的作用已远不止于此。为维护政权、发展社会制度,为国家诸多宏观决策提供依据,成为地籍管理的根本目的。我国地籍管理的性质决定了地籍管理必须坚定不移地为社会主义政权服务。为满足建立和完善社会主义土地制度和协调人地关系的需要,去掌握、研究和分析土地资源、资产的分配、利用以及管理,为调整土地的分配和利用提供依据,为满足社会主义国家管理的需要,去调查研究土地开发、利用、整治和保护的状况,为妥善处理资源、环境、人口的矛盾和国民经济协调发展提供依据。地籍管理若背离了为巩固社会主义制度和国家政权服务的目的,便会失去宗旨,失去存在的意义。

地籍管理成果的实际应用价值不只是在土地管理和巩固社会主义制度以及完善国家管理方面,还包括社会各个方面,而为生活、生产和建设的需要提供与地籍有关的信息资料和服务是地籍管理工作的又一重要目的。随着社会经济和建设事业的发展,对地籍管理的需求越来越多,地籍管理要从单用途向多用途发展,从平面向立体发展,从常规向高科技发展,从封闭式向开放式转变,从单一行政管理向法律、行政、经济、技术综合管理发展,以适应市场经济体制的需要。

(三)地籍管理的任务

地籍管理的总任务是全面、具体掌握地籍信息,不断更新地籍信息,及时、准确、系统地提供各类服务,并坚持不懈地改革创新,建设功能齐全、制度健全、业务规范、手段先进的完整的地籍管理工作体系。当前的具体任务如下:

(1)继续广泛深入地掌握土地资源和土地资产的家底。对于土地资源家底的掌握要从数量和分布向质量甚至更全面的方向发展,形成一体化的系列土地资源家底资料;目前,城镇土地资产家底尚未全面查清,农村土地资产更是掌握甚微,需继续深入开展土地调查、统计、登记及土地定级工作。

(2)土地资源和资产的分配现状、流转管理及态势分析是地籍管理的重要方面。城市土地的分配近年来有了较大的进展,流转管理也初见成效,但农村土地尚未全面纳入科学的、规范管理的轨道,亟须加大地籍管理力度,为农村土地流转制度和土地市场的建立、健全创造基础条件,为城乡土地使用制度进一步改革提供基础环境条件。

(3)在土地利用现状调查和城镇地籍调查已有成果的基础上,更新和充实调查资料,持续开展土地利用动态监测,推动地籍管理工作向规范化、制度化、现代化方向发展,并且从土地分类到手段、调查技术等方面向城乡一体化方向逐步发展,进而为实行土地登记城乡一体化而努力。

(4)土地调查向更广、更深发展。将土地自然性状、土地社会经济状况及土地利用其他环境条件与土地自身基本的调查相互融为一体;对土地流失、土地灾害、土地污染、土地开发、土地治理、土地保持、土地利用工程开展状况,组织深入细致的专项调查,为土地利用决策和规划提供基础;将土地调查向多用途地籍需要的方向发展,开展地面、地下乃至地上三维空间的调查、统计、登记工作。

(5)加快地籍工作现代化手段应用步伐，从调查到整理、分析、立卷(建库)乃至查询、维护、提供使用，逐步扩大高新技术的应用，并努力向普及化、商业化方向发展。

(6)相应于上述任务建立和健全必要的管理制度以及向社会提供服务的制度，不断健全机构设置，提高人员素质，把整个地籍管理向制度化、规范化、现代化推进，不断提高地籍管理的社会公信度和公示性，提高地籍资料的应用价值和社会效益。

二、地籍管理的内容

地籍管理的内容是与一定社会生产方式相适应的。它一方面取决于社会生产水平及与其相适应的生产关系的变革，另一方面也与一个国家土地制度演变的历史有关。

在一定的社会生产方式条件下，地籍管理作为一项国家的地政措施，有特定的内容体系。在我国几千年的封建社会中，地籍管理的内容主要是为制定各种与封建土地占有密切相关的税收、劳役和租赋制度而进行的土地清查、分类和登记；到了民国时期，则以地籍测量和土地登记为主要内容。新中国成立初期，地籍管理的主要内容是结合土改分地，进行土地清丈、划界、定桩和土地登记、发证等。以后，地籍管理则逐步从地权登记为主转向为合理组织土地利用提供有关土地的自然、经济和权属状况的基础资料，以开展土壤普查、土地评价和建立农业税面积台账为主要内容。随着我国社会主义现代化建设的发展，地籍管理的内容也在不断加深、扩展。根据我国基本国情和建设的需要，现阶段我国地籍管理的主要内容包括以下几方面。

(一)土地调查

土地调查是为查清土地的数量、质量、分布、利用和权利状况而进行的调查。在不同发展阶段，土地调查的侧重点是不一样的。土地调查一般可分为土地利用现状调查、地籍调查和土地条件调查。

1. 土地利用现状调查

土地利用现状调查主要是指在全国范围内，以查清土地利用现状为目的，以县为单位，按土地利用现状分类清查各类用地的面积、分布和利用状况的调查。因此，土地利用现状调查是一种普查，是对全国范围的土地全面调查。根据不同的要求，土地利用现状调查又可分为概查和详查。

2. 地籍调查

地籍调查包括土地权属调查和地籍测量两项工作。其核心是土地权属调查，内容主要包括土地权属、位置、界址、用途(类别)、等级和面积等的调查；基本任务是搞清每块土地的位置(界址、四至)、土地权属、土地用途、土地面积等，并将地籍调查的结果编制成地籍簿册和地籍图，为土地登记和发证、土地统计、土地定级估价以及利用管理提供原始资料和基本依据。

3. 土地条件调查

土地条件调查主要是对土地的土壤、植被、地貌、气象、水文和水文地质，以及对土地的投入、产出、收益、交通、区位等土地的自然条件和社会经济条件的调查及资料的收集和整理。土地条件调查的基本任务是为摸清土地质量及其分布状况，为土地评价或城镇土地分等定级、估价提供基础资料和依据。土地调查的深度和广度，可以依据其目的和具体条件而定。

土地利用现状调查、地籍调查和土地条件调查可以单独进行，也可以结合进行。一般认为，在农村，地籍调查可以与土地利用现状调查结合进行，而在城镇，土地条件调查一般应单独进行，也可以与土地利用现状调查结合进行。

(二)土地登记

土地登记是依照国家有关法律对土地的所有权、使用权进行确认，依法实行土地权属的申请、审核、登记造册、颁发证书的一项法律措施。目前，依照法律规定，我国主要开展国有土地所有权、集体土地所有权、集体土地使用权和土地他项权力的登记，土地资料一经登记后便具有法律效力。

土地登记由专职机关和人员进行，有设定登记、变更登记及注销登记等种类。完整的土地登记规范土地权利取得、流转、变更、灭失等行为，并对这些行为实施有效管理。

土地登记促进土地资源的合理利用，促进生产力布局的有效改善，有利于社会安定和经济繁荣。

土地登记是地籍管理最基本的工作内容，也是地籍管理中出现最早的一项工作。这项工作的初期仅仅是为土地赋税服务，随着地籍管理工作的发展和土地管理的全面兴起，将确认合法土地权利作为其主要功能，同时也为土地征税和土地利用管理服务。

(三)土地统计

土地统计是国家对土地的数量、质量、分布、利用和权属状况进行统计、汇总、分析和提供土地统计资料的工作制度。与其他统计相比，土地统计有着极强的专业特点：土地统计的对象在数额上总量是恒定的；统计图件是统计结果的反映形式，而且是统计的基础依据；土地统计中地类的增减均以界线的推移实现。通过土地统计，澄清和更新人们对土地资源、土地资产和土地利用状况的认识，揭示土地分配、利用的变化规律，为制定土地管理政策提供科学依据。

(四)土地分等定级与估价

土地分等定级与估价是在土地利用分类的基础上，根据土地的自然、经济条件，进一步确定各类土地的等级和基准地价。土地分等定级为合理组织土地利用、制定土地利用规划、合理征收土地税、确定土地补偿标准提供了科学依据。地价评估为深化土地使用制度改革、规范地产市场以及与其相适应的土地登记制度等奠定了基础。

在我国，按城乡土地的不同特点，把土地分等定级分为城镇土地分等定级和农用地分等定级两种类型。其中，城镇土地分等定级是对城镇土地利用的适宜性的评定，也是对城镇土地资产价值进行科学评估的一项工作。其等级是揭示城镇不同区位条件下，土地价值差异的表现形式；农用地分等定级是对农用地质量或其生产力大小的评定，是通过对农业生产条件的综合分析，对农用地生产潜力和差异程度的评估工作。

（五）地籍档案管理

地籍档案管理是对土地调查、分等定级、登记、统计各类工作中形成的各种历史记录、文件、图册进行收集、整理、鉴定、保管、统计、提供利用等各项工作的总称。地籍档案管理是土地管理的基础性工作，是建立、健全各项土地管理制度的基础。

地籍档案管理是专业档案的管理，根据地籍档案管理工作的内容，确定地籍档案管理的范围，有制度地进行收集、整理，将档案按一定程序系统管理，并开展编研和提供服务，是地籍档案管理的基本内容。

需要说明的是，地籍管理的内容不是一成不变的，其各项内容也不是相互孤立存在的，而需要相互联系和衔接。其中，土地调查和土地分等定级是基础；土地登记、统计是土地调查的后续工作，是巩固土地调查成果并保持其现势性的必要措施。在实践中，土地统计可以在土地利用现状调查后进行，即先统计后登记，把土地统计作为土地利用现状调查的后续工作，以保持土地调查成果的现势性；土地统计也可以在土地登记后进行，以保证土地统计成果更加精确和稳定。当然，也可以将土地利用现状调查、土地登记、土地统计同时结合进行。土地登记一般应在完成土地利用详查或地籍调查后进行，方能保证权属登记的稳定性和精确性。否则，土地登记只能先办申报，待调查、核实后再依法办理登记注册、发证。

地籍管理的各项工作成果是地籍档案的基本来源，而地籍档案又是地籍管理各项工作成果的归宿，并为开展地籍管理各项工作提供参考和依据。可见，地籍档案管理也是地籍管理的一项基础工作。

从全国范围看，我国现阶段地籍管理正处在多用途地籍管理起步的阶段，同世界各先进国家相比，在某些方面还存在一定距离。当前，我国地籍管理应以开展城镇地籍管理和农村地籍管理为重点，建立符合基本国情需要的地籍档案管理新体系。

三、地籍管理的性质

如前所述，地籍管理是针对地籍的建立、建设和提供应用所开展的一系列工作措施。这项措施与一般的措施不同之处在于，它是一项国家措施，由国家作为主体来实施，而且十分明确地负有巩固社会制度和国家政权的使命。

在我国社会主义制度下，地籍管理是巩固社会主义土地公有制的一项措施，也是为充分、合理、高效地利用全国土地资源，协调部门、行业、单位用地的一项措施，又是为推进改革开放和土地使用制度变革服务的一项综合性措施。

地籍管理这项措施在国家管理事务中为国家、社会提供土地基本情况的信息资料，对判断、估量现状和实力以及预测未来起着基础作用，并成为决策和制定政策的重要依据。国家还依据地籍管理建立科学的土地税收制度，指导和监督土地管理和土地利用，调整土地经济，保障合法土地所有者、使用者的正当利益，调动他们土地利用的积极性。这一切都有赖于地籍管理基础信息的准确性和可靠性，有赖于地籍管理措施的法律规范性和行政上的权威性与保障性。

技术上、法律上和行政上的这些性质是地籍管理作为国家措施能否真正起作用的决定因素。缺少了它们，地籍管理的任何目的都无法实现。因此地籍管理作为国家措施是有一系列基本特性作为支柱的，必须坚定不移地始终维持这些性质才能保证地籍管理目的的顺利实现。

但是，还必须十分清晰地认识到，地籍管理有着鲜明的阶级性。法律、技术、行政都是为社会制度服务的工具、手段和措施。我国社会主义地籍管理与资本主义地籍管理有着本质上的区别。只有社会主义地籍管理才能最大限度地代表全社会人民群众的根本利益，为人民群众的根本利益服务。在资本主义国家里，地籍管理同样可以是一项国家措施，同样可以为资本主义政权的课税服务，但从本质上来讲，它是为资本主义私有制服务的国家政权所代表的少数土地占有者的利益服务。

四、地籍管理的基本原则

为保证地籍管理工作顺利进行，并为取得预期效果和经济效益，地籍管理必须遵循以下基本原则。

（一）统一性原则

地籍管理历来是国家地政措施的重要组成部分，因此地籍管理工作必须先形成全国统一的系统，即各项工作均需按全国统一规定的政策、法规、技术规范进行。如果全国地籍管理工作没有统一的要求，也不制定统一的制度，那么就不能实现城乡地政的统一管理，也不能使地籍工作取得预期的效果。国家对地籍管理所作的统一规定不是一成不变的，它将随着社会的进步和科学技术手段的更新逐步建立和完善；有的暂时做不到、达不到统一要求的可以待条件成熟后再补充和完善。

（二）连贯性和系统性原则

土地面积、用途、利用状况等都在随时发生变化，土地权属也会发生转移，因此地籍管理工作必须跟踪土地的变化，采集变更的现势资料，以保持地籍的连续、系统和完整。

根据地籍连续性的特点，地籍管理的基本文件应该是有关土地数量、质量和权属等状况的连续记载资料。地籍分为初始地籍和日常地籍。初始地籍是基础，是最初的基数或状况；日常地籍是随时间的推移而对初始地籍的变更进行修正和更新，并使地籍始终保持在同时性的水平上。初始地籍和日常地籍之间、各种簿册及图簿之间、年度报表中的各项内容及数字之间，应互相关联，构成承上启下和不间断的完整系统，体现地籍资料的连贯性和系统性。为保证地籍资料的连贯性和系统性，地籍管理的工作项目及其文件的格式、要求等应保持相对的稳定性，不要过于频繁地改动。地籍管理制度的稳定性是保证地籍资料连贯性和系统性的重要条件。

（三）可靠性和精确性原则

地籍的数据、图件、文字等信息均带有法律文件的属性，必须以法律文件和技术规范为依据，做到准确、可靠。因此，为保证地籍资料的可靠性和精确性，其基础资料必须是具有一定精度要求的测量、调查和土地分等定级的成果资料。凡是涉及权属的，必须以相应的法律文件为依据；宗地的界址线、界址拐点的位置，应达到可以随时实地得到复原的要求；土地登记的面积必须精确，做到可以与实地面积相互校核。

(四)概括性和完整性原则

要保证地籍资料的可靠性和精确性，不仅要采用正确的测量和评价方法，还需要保持地籍资料的概括性和完整性。所谓概括性和完整性，是指地籍管理的对象必须是完整的土地区域空间。例如：全国地籍资料的覆盖面必须是全国土地；省级、县级和县级以下的地籍资料的覆盖面，必须分别是省级、县级和县级以下的乡、镇、村的行政区域范围内的全部土地，宗地或地块的地籍也必须保持一宗地或一个地块的完整性。因此，在地区之间、宗地或地块之间的地籍资料都要有严格的接边措施，不应出现间断、重复和遗漏的现象。

五、地籍管理的手段

地籍管理历来是国家地政措施的重要部分，是一项政策性、技术性均很强的工作。因此，地籍管理不仅要充分运用行政、经济、法律的手段，而且还要充分运用测绘、图册和电子计算机等技术手段。

(一)行政手段

为保证地籍管理各项措施的实施，国家不仅要强化行政手段，促进地籍管理工作的规范化、制度化和科学化，而且还要制定必要的政策、规章等。所谓行政手段就是依靠行政机构的权威，发布规定、条例、规程等，并按照行政系统和层次进行管理活动。其实质是通过行政组织中的职能和职位来进行管理。例如，颁发土地利用现状调查技术规程、地籍调查规程、土地登记规则、土地统计报表制度等。上级对下级的指挥和控制，是由高一级的地位所决定的。同时，它所发出的指示、规则等，应是根据地籍管理的客观规律而提出的。因此，上级领导机构不但要有责有权，而且还要有较高的领导水平、较强的组织管理能力和扎实的专业知识。下级对上级的服从，是对上级所拥有的管理权限的服从。由于行政手段强调权威性、强制性，要求下级贯彻执行上级的规定，但需要照顾不同地区的特点以及不断变化的情况，因此单一的行政手段带有局限性。

(二)经济手段

经济手段是根据客观经济规律，运用各种经济措施，调节各种不同经济利益之间的关系，以获得最佳的经济效益和社会效益。常用的经济手段有价格、税收、信贷、罚款等。运用经济手段时要兼顾国家、集体、个人三者利益以及中央与地方之间的利益，并与其他行政、法律、技术等手段相结合。

(三)法律手段

采用法律手段从本质上说是通过上层建筑的反作用来影响和改变经济基础。国家不仅要强化行政、技术等手段，而且还必须重视地籍管理方面的立法。我国早在1930年颁布的《土地法》中，就专设第三篇“土地登记”共109条；抗日战争时期，颁布《战时地籍整理条例》；1946年修订的《土地法》中，专设“地籍篇”，并制定了《土地登记规则》《荒地勘测法》等地籍法规。新中国成立后，特别是进入20世纪90年代以来，更加注重法制管理，不仅在1998年

12 月修订的《中华人民共和国土地管理法实施条例》中设立了有关土地调查、土地登记、土地确权、土地统计、土地动态监测等条款，而且还先后制定了《土地登记规则》《确定土地所有权的若干规定》等。除此之外，地籍管理还要依靠一定的法律程序形成必要的法律文件。这些都可作为地籍管理的法律依据。

(四)技术手段

地籍管理中的地籍测量、地籍调查、航片的调绘和转绘、面积测算、绘制地籍图和宗地图、土地利用动态监测以及建立地籍信息系统等，都离不开测绘、图册和计算机等技术手段，下面就对这几种技术手段做简单介绍。

1. 测绘手段

土地的空间特性，决定了地籍管理具有技术性质。地籍测绘历来是地籍管理最基本的技术手段。从地籍的产生开始，就离不开土地界线的丈量和面积量算。随着现代科学技术的发展，地籍测绘工作逐步从最简易的丈量发展到用仪器测量；从简单的经纬仪导线测量、小平板测绘发展到用电子速测仪完成地籍测量的全过程。测绘技术的进步、测绘手段的不断更新，大大提高了测绘的速度及其成果的质量，但还不能完全代替地籍工作中的常规测绘技术。地籍测绘必须体现地籍管理工作的特点，否则其成果就无法在地籍管理中发挥应有的作用。地籍的测绘手段还包括航测、遥感等技术的广泛应用。例如，运用航测、遥感技术进行土地利用动态监测。

2. 图册手段

地籍最简单的定义是登记或记载土地基本状况的图、簿册。图主要是指地籍图，此外还有土地利用现状图、土地权属界线图、宗地图、土地证的附图以及土地遥感监测图等。簿册指地籍簿或土地清册等。图册历来是地籍管理的基本手段或工具。未来科学技术达到一定高度时，虽然可以大大提高图册的质量，减少它们的编制程序和工作量，但也不能完全替代图册这一重要手段的作用。

3. 电子计算机手段

电子计算机技术的广泛应用，大大推动了地籍管理手段的自动化水平。建立以电子计算机为手段的地籍数据库或地籍信息系统，可以实现数据的采集、处理，地籍图的编绘和更新，以及数据库应用等方面的自动化。它是实现我国地籍管理科学化、现代化的重要目标。

上述各种手段应综合应用、相互补充。行政手段能自上而下地保证法律、经济、技术手段的更好贯彻；法律手段对其他手段起法律保障作用，更好地维护各权利人的合法权益；经济手段能促进土地合理利用和保护，取得最佳经济效益；技术手段使其他手段建立在准确、可靠的基础上。

六、地籍管理与地籍测量的关系

地籍管理是土地管理的基础工作，地籍调查是地籍管理工作的基础工作，而地籍测量又是地籍调查工作中的一项极其重要的基础性技术工作，是地籍管理的重要内容，它保证土地信息的可靠性与准确性，如界址点的位置与精度、土地面积的大小与精度、土地位置与四至关系等。没有地籍测量的地籍管理是不存在的，更谈不上精确管理和科学管理。地籍测量直接服务于地籍管理与其他土地管理工作，与一般测量工作相比，具有更强的专业性。

第三节　地 籍 测 量

一、地籍测量的任务

地籍测量是为获取和表达地籍信息所进行的测绘工作，主要是测定每块土地的位置、面积大小，查清其类型、利用状况，记录其价值和权属，据此建立土地档案或地籍信息系统，供实施土地管理工作和合理使用土地时参考。

二、地籍测量的特点

地籍测量不同于普通测量。普通测量一般只注重于技术手段和测量精度，而地籍测量则是测量技术与土地法学的综合应用，即涉及土地及其附着物权利的测量。地籍测量有以下 7 个特点。

(1)地籍测量是一项基础性的具有政府行为的测绘工作，是政府行使土地行政管理职能时具有法律意义的行政性技术行为。

(2)地籍测量为土地管理提供了精确、可靠的地理参考系统。

(3)地籍测量具有勘验取证的法律特征。

(4)地籍测量的技术标准必须符合土地法律的要求。

(5)地籍测量工作有非常强的现势性。

(6)地籍测量技术和方法是对当今测绘技术和方法的应用集成。

(7)从事地籍测量的技术人员，不但要具备丰富的测绘知识，还应具有不动产法律知识和地籍管理方面的知识。

三、地籍测量的内容

地籍测量有以下 7 个方面的内容。

(1)地籍平面控制测量，地籍基本控制点和地籍图根控制点的测设。

(2)土地权属界址点和其他地籍要素平面位置的测定。

(3)基本地籍图和宗地图的绘制。

(4)面积量算、汇总和分类统计。

(5)土地信息的动态监测，地籍变更测量，包括地籍图的修测和地籍簿册的修编，以保证地籍成果资料的现势性与正确性。

(6)建设项目用地勘测定界测量。

(7)根据土地调整整治、开发与规划的要求，进行有关地籍测量工作。

四、现代技术在地籍测量中的应用

随着社会经济的发展，土地集约利用程度的不断提高，对地籍的精度和速度提出了更高的要求。传统的测绘方法已不能满足现代地籍管理的需要。先进的测绘仪器和“3S”技术

[即遥感(Remote Sensing,RS)技术、地理信息系统(Geography in Formation Systems,GIS)和全球定位系统(Global Positioning System,GPS)]在目前地籍管理活动中得到了广泛应用,大大提高了地籍测量的速度、精度和地籍管理的效率。

(一)现代测量技术在地籍测量中的应用

常规的测绘技术和仪器设备速度慢、精度低,成果主要是以图、表、卡、册、簿等形式存在,不便于管理和使用,容易出现差错,而且更新费时、费力。现在在控制测量上多采用GPS定位技术,点与点之间不需要通视,在外业只要安置好仪器便可自动采集数据,无须人工操作,而且可以全天候作业,使外业工作变得简单、高效。将外业采集的数据传入微机用解算软件便可解算出三维坐标。在基本地籍要素测绘方面主要应用全站仪,它有测量速度快、精度高、测程远、自动记录等优点,在外业可以直接采集三维坐标。在地籍成图方面主要应用数字化地形地籍成图软件,目前市场上应用较多的是CASS7.0,它功能强大,可满足各种测量需要。将外业采集到的三维坐标转入计算机,在绘图软件的支持下可完成数字地籍图,同时利用绘图软件也可以方便地生成宗地图以及各类面积汇总表等成果。

在建设用地勘测定界测量中,实时动态(Real-Time Kinematic,RTK)技术可以实时地测定界桩位置,确定土地使用界限范围,计算用地面积。利用RTK技术进行勘测定界时,它可直接测得放样点位的坐标值,使得建设项目用地勘测定界中的面积量算实际上是使用GPS软件中的面积计算功能直接计算并进行检核,避免了常规解析法放样的复杂性,简化了建设项目用地勘测定界的工作程序。

在土地利用动态监测中,也可利用RTK技术。传统的动态野外监测采用简易补测或平板仪补测法,如采用钢尺进行距离交会、直角坐标法等实测丈量,对于变化范围较大的地区采用平板仪补测。这些传统的测量方法速度慢、效率低。而应用RTK技术进行动态监测则可提高检测的速度和精度,并且省时省工,真正实现实时动态监测,保证了土地利用状况调查的现势性。

(二)遥感技术在地籍测量中的应用

遥感技术是20世纪60年代蓬勃发展起来的对地观测、探测、监测的综合性技术。这一技术在土地利用现状调查、土地利用监测、土地权属变化监测中发挥着越来越大的作用。在地籍测量中,主要利用大比例尺航空遥感图像,采用航测成图方法要比采用平板仪图解测绘地籍图具有质量高、速度快、精度均匀、经济效益高等优点,并可用数字航空摄影测量方法,提供精确的数字化地籍数据,实现自动化成图。

遥感技术在地籍测量中的应用主要表现在以下4个方面。

(1)利用航空摄影图像,采用解析空中三角测量方法,加密控制点坐标和宗地界址点坐标。

(2)利用航空摄影图像,使用解析测图仪(或数字航空摄影测量系统)绘制地籍图或数字化地籍图。

(3)利用航空摄影图像或高分辨率的卫星图像,通过摄影纠正或正射投影纠正,获取影像地籍图。

(4)采用遥感调查方法,进行地籍权属调查,绘制宗地草图。

(二)GIS技术在地籍测量中的应用

地理信息系统GIS是在计算机硬件和软件的支持下,运用地理信息科学和系统工程理论,科学管理和综合分析各种地理数据,提供管理、模拟、决策、规划、预测和预报等任务所需要的各种地理信息的技术系统。

在地籍测量中,GIS具有以下3项基本功能。

(1)地籍数据的采集功能。将地籍测量的各种数据,如权属界线、界址点坐标、地面附着的建筑物,通过输入设备输入计算机,成为地理信息系统能够操作与分析的数据源。这个过程称为地籍数据采集。常用的数据采集方法有计算机键盘数据采集、地图扫描数字化、实测数据输入、GPS数据采集等。

(2)地籍数据的管理功能。地籍数据管理包括地籍属性数据管理和地籍空间数据管理。地籍属性数据管理的对象包括数据项属性数据记录和属性文件;空间数据管理包括空间数据编辑修改和检索查询。

(3)地籍数据的处理功能。传输到计算机中的各种数据,可利用相应的软件对地籍数据加以处理,最后输出并绘制各种所需的地籍图件和表册,供有关单位使用。目前开发的数字地籍测绘系统(Digital Cadastral Surveying and Mapping System,DCSM)是以计算机为核心,以GPS信号接收机、全站仪、数字化仪、立体坐标量测仪、解析测图仪等自动化测量仪器为输入装置,以数控绘图仪、打印机等为输出设备,再配以相应的数字地籍测绘软件,构成的集数据采集、传输、数据处理及成果输出于一体的高度自动化的地籍测绘系统。

目前,数字测图技术已基本成熟,并且越来越多地被应用到地籍测量中。显而易见,数字地籍测绘技术将成为实现地籍管理的现代化、加强土地管理的重要基础。

第二章　地籍管理

第一节　地籍管理概述

地籍是人们认识和运用土地的自然和社会经济属性的产物，是组织社会生产的客观需要。地籍管理历来是国家行政管理措施之一，是地政的重要组成部分，是强化土地管理的基础性工作，地籍和地籍管理都是随着社会生产力和生产关系的发展而不断发展和完善的。

地籍管理作为一项国家的地政措施，有特定的内容体系。在我国几千年的封建社会中，地籍管理的内容主要是为制定各种与封建土地占有密切相关的税收、劳役和租赋制度而进行的土地清查、分类和登记；到了民国时期，则以地籍测量和土地登记为主要内容。建国初期，地籍管理的主要内容是结合土改分地，进行土地清丈、划界、定桩和土地登记、发证等。之后，地籍管理则逐步从地权登记为主转向为合理组织土地利用提供有关土地的自然、经济和权属的基础资料，以开展土壤普查、土地评价和建立农业税面积台账为主要内容。随着我国社会主义现代化建设的发展，地籍管理的内容也在不断地加深、扩展。根据我国基本国情和建设的需要，现阶段地籍管理的主要内容包括：

(1)土地调查；

(2)土地登记；

(3)土地统计；

(4)土地分等定级、估价；

(5)地籍档案管理。

土地调查是以查清土地的数量、质量、分布、利用和权属状况而进行的调查。根据土地调查的内容侧重面不同，可分为土地利用现状调查、地籍调查和土地条件调查三种。

土地利用现状调查主要是以县为单位，以按土地利用现状分类调查各类用地的面积、分布和利用状况为主要内容的调查。土地利用现状调查是一种普查，而且是全国范围的土地全面调查。它根据不同的要求，可分为概查和详查。地籍调查的核心是土地权属调查，其内容包括权属、位置、界址、用途(类别)、等级和面积等的调查。土地条件调查主要是对土地的土壤、植被、地貌、气象、水文和水文地质，以及对土地的投入、产出、收益、交通、区位等土地的自然和社会经济条件的调查和资料的搜集、整理。土地条件调查为摸清土地质量及其分布状况，为土地评价或城镇土地分等定级、估价，提供基础资料和依据。土地调查的深度和广度，可以依其目的和具体条件而定。土地利用现状调查、地籍调查和土地条件调查，可以分别单独进行，也可以结合进行，一般认为，在农村，地籍调查可以与土地利用现状调查结合进行；在城镇，进行城镇村庄内的地籍调查。土地条件调查一般应单独进行，也可以与土地利用现状调查结合进行。

土地登记是国家用以确认土地的所有权、使用权，依法实行土地权属的申请、审核、登记造册和核发证书的一项法律措施。目前，我国依照土地法律的规定，主要开展国有土地使用权、集体土地所有权和农村集体土地建设用地使用权三种土地登记。

土地统计是国家对土地的数量、质量、分布、利用和权属状况进行统计调查、汇总、统计分析和提供土地统计资料的制度。

土地分等定级估价是在土地利用分类和土地条件调查的基础上，根据土地的自然、经济条件，进一步确定各类土地的等级和基准地价。土地分等定级可为合理征收土地税（费）、确定土地补偿标准、制定土地经济政策和合理组织土地利用提供科学依据。地价评估为深化土地使用制度改革，规范地产市场，以及与其相适应的土地登记制度奠定基础。

地籍档案管理是以地籍管理活动的历史记录、文件、图册为对象所进行的收集、整理、鉴定、保管、统计、提供利用和编研等各项工作的总称。

地籍管理的内容不是一成不变的，其各项内容也不是相互孤立存在的，而是需要相互联系和衔接的。其中：土地调查和土地分等定级是基础；土地登记、统计是土地调查约后续工作，是巩固土地调查成果并保持其现势性的必要措施。在实践中，土地统计可以在土地利用现状调查后进行，即先统计后登记，把土地统计作为土地利用现状调查的后续工作，以保持土地调查成果的现势性；土地统计也可以在土地登记后进行，以保证土地统计成果更加精确和稳定；也可以将土地利用现状调查、土地登记、土地统计同时结合进行。土地登记一般应在完成土地利用详查或地籍调查之后进行，方能保证权属登记的稳定性和精确性。否则，土地登记只能先办申报，待调查、核实后再依法办理登记注册、发证。

地籍管理的各项工作成果是地籍档案的基本来源，而地籍档案又是地籍管理各项工作成果的归宿，并为开展地籍管理各项工作提供参考和依据。可见，地籍档案管理也是地籍管理的一项基础工作。

第二节　地籍调查概述

一、地籍调查的目的和类型

地籍调查是国家采用科学方法，依照有关法律程序，通过权属调查和地籍测量，查清每一宗土地的位置、权属、界线、数量和用途等基本情况。以图、簿示之，在此基础上进行土地登记。

随着人口的增加、经济的发展，各方面对土地的要求与日俱增。但土地面积有限，位置固定，自然供给缺乏弹性，珍惜并合理利用每一寸土地是土地管理的一项根本任务。为了搞好土地管理，必须掌握管理对象的最新信息。土地管理需要反映最新现状的信息是多方面的，而其中最基本的，一是土地的数量及其在国民经济各部门、各权属单位间的分配状况，二是土地的质量及使用状况。要取得这些信息，就必须按规定的程序和方法建立起科学的地籍制度。固然，任何一个国家的地籍制度都不是一成不变的，它是随着经济和科学技术的发展而不断发展和完善的，但不论建立什么样的地籍，都必须首先进行上述基本信息的收集，即进行地籍调查。

为此，地籍调查的主要目的是核实宗地的权属和确认宗地界址的实地位置，并掌握土地利用状况；通过地籍测量获得宗地界地点的平面位置、宗地形状及其面积的准确数据，为土地登记、核发土地权属证书奠定基础。

地籍调查是土地登记的前期基础性工作。地籍调查成果经登记后，具有法律效力。地籍调查和土地登记不应该是一次性的静态的工作。国内外历史上，地籍工作常常在完成一次性地籍调查（主要是地籍测量）、土地登记，达到财政目的之后，忽视其变更，致使地籍失真、失去作用。为保持地籍的现势性，满足土地管理和经济发展的需要，必须注意及时掌握土地信息，特别是权属状的动态变化。因此，不仅需要进行初始地籍调查，以建立地籍管理的基础，还需要进行变更地籍调查。

由此可见，地籍调查不是一次性的静态工作。为了保持地籍资料的现势性，满足土地管理和经济发展的需要，必须注意及时掌握土地信息，特别是权属状况的变化。因此，根据调查时期和任务的不同，地籍调查可分为两大类：

（1）初始地籍调查——土地初始登记前的区域性第一次普遍调查；

（2）变更地籍调查——土地变更登记前的对变更宗地的调查。

地籍调查按进行区域功能的不同可分为农村地籍调查和城镇地籍调查两大部分。

目前，我国农村地籍调查结合土地利用现状调查进行。《土地利用现状调查技术规程》规定了境界（各级行政区划界线）和土地权属界（村、农、林、牧、渔场界、居民点以外的企事业单位的土地所有权和使用权界）的调查内容、方法。调查结果编制分幅土地权属界线图。

为尽快地建立我国农村地籍，对村内一级的土地权属界线，可暂不调查。个别需要调查的地区，可在村地籍图基础上进行。很多县在进行土地利用现状调查中，都注意同时结合进行土地权属调查。

城镇是有一定规模的非农业人口聚居的地区，人口密度大。城市土地承载着大量的经济活动要素，有着比农村更高的经济效益，聚集和创造着更多的物质财富，是国家和地区的政治、经济、文化中心。合理利用城镇土地，对城镇和全国经济的发展起着重要作用。目前，我国在城镇土地使用和管理上存在着许多问题，随着社会主义市场经济的发展，促进了土地使用权的流动，但也产生了一些变相买卖、非法出租，乃至进行地产投机的活动。为加强对城镇土地的管理，配合国家开征城镇国有土地使用费（税），根据国家土地管理局统一部署，全国各省、自治区、直辖市的城镇已进行并基本完成了国有土地使用权的申报工作。在申报的基础上，积极创造条件，尽快进行地籍调查，是地籍管理当务之急，为开展城镇（包括村庄内部）地籍调查，国家土地管理局制定了《城镇地籍调查规程》（TD 1001—1993）。它从我国实际出发，本着有重点、有步骤地完善我国地籍管理的原则，对当前开展的地籍调查内容、方法、精度等作了整体性的规定。这将对在我国地籍调查中，采用先进的科学技术，完善地籍管理制度起着重要作用。

二、地籍调查的内容

建立地籍的目的、地籍制度的不同，地籍调查的内容也不同。

以财政目的为主的税收地籍，地籍调查只要能解决以下两个问题就够了：一是向谁收税？即纳税人的情况，包括姓名或单位名称、地址等。二是收多少税？即需要纳税的土地面积和土地等级。

以多种功能为目的的多用途地籍，也称为“新地籍”，对地籍图、簿等资料的要求是多方面的，除作为财政税收的依据、法律权属的依据外，还为土地利用规划、管线、通信设施、建设规划、交通道路规划及其他各种经济建设规划服务。因此，地籍调查的内容也相应地增多，不仅需要调查土地权属状况（包括土地所有者、土地使用者状况、土地的位置、界址等），还需调查土地等级和土地利用等状况。同时，对作为地籍调查成果的图件精度要求也较高，并附有高程、地形等图示资料。

以法律为目的的产权地籍也具有为税收服务的功能，但是除此之外，它还具有更重要的功能，即保护权属单位的合法权益。

当前我国实行的土地登记制度，要求对每宗土地的登记都有三部分内容：①权属者状况，包括权属单位名称或个人姓名、地址、单位法人代表、个人身份证明等。②土地权属和使用情况，包括宗地的界址、面积、坐落、用途、等级等。③权利限制情况，即土地及其上建筑物、构筑物的权利限制。

土地登记的内容要求能反映宗地的权属界线，有助于土地争议的裁决、处理，保护土地所有者和使用者的合法权益，也有利于国家对土地使用的管理和监督。

为能进行这样的土地登记，必须对每宗土地的界址线有确切的描述和记载。地籍调查的主要内容可概括为以下几方面。

（一）土地权属调查

通过对宗地权属及其权利所及的界限的调查，在现场标定宗地界址位置，绘制宗地草图，调查用途，填写地籍调查表，为地籍测量提供工作草图和依据。

（二）地籍测量

在土地权属调查的基础上，借助仪器，以科学方法，在一定区域内，测量每宗土地的权属界线、位置、形状、及地类界等，并计算其面积，绘制地籍图，为土地登记提供依据。

地籍测量的内容包括地籍平面控制测量、地籍细部测量、地籍原图绘制和面积量算。

由此可见，地籍调查是具有法律性质的调查，它的成果与维护法律尊严、政府的威望、土地管理部门的信誉有重要关系。

权属调查和地籍测量有着密切联系，但也存在着质的区别。前者主要是遵循规定的法律程序，根据有关政策，利用行政手段，确定界址点和权属界线的行政性工作；后者主要是将地籍要素按一定比例尺和图示绘于图上的技术性工作。

三、地籍调查的程序

地籍调查是一项综合性的系统工程，必须在充分准备、周密计划的基础上进行。要结合本地的实际，提出任务，确定调查范围、方法、经费、人员安排、时间和实施步骤。

初始地籍调查的实施可大体分为三个阶段。

（一）准备工作

1. 组织准备

开展地籍调查的市、县有必要成立以主管市（县）长为首的地籍调查、土地登记领导小组。领导小组负责领导地籍调查、登记工作，研究处理地籍调查土地登记中的重大问题，特别是研究、确定、仲裁土地权属问题。在土地管理机构中设立专门办公室，负责组织实施。

鉴于地籍调查是涉及面广、政策性和技术性强的一项工作，因此组织的调查队伍必须具备一定的群众基础，得到社会的响应、理解、支持和协助。同时，在地籍调查前必须有周密的计划。科学的计划可以加速工作的进程，节省人力、财力、物力，并可减少浪费。

2. 收集资料

收集的主要资料包括：

（1）原有的地籍资料；

（2）测量控制点资料，已有的大比例尺地形图、航摄资料；

（3）土地利用现状调查，非农业建设用地清查资料；

（4）房屋普查及工业普查中有关土地的资料；

（5）土地征用、划拨、出让、转让等档案资料；

（6）土地登记申请书及其权属证明材料；

（7）其他有关资料。

3. 确定调查范围

城镇、村庄地籍调查范围要与土地利用现状调查范围相互衔接，不重不漏，所以调查范围应以明显地物为界，并在比例尺为1:2 000～1:10 000的地形图上标绘出来。若有较新大比例尺航片，也可在航片上勾画调查范围。

4. 地籍调查技术设计

技术人员应根据已有资料和实地调查的情况进行地籍调查项目技术设计，主要内容包括：

（1）调查地区的地理位置和用地特点；

（2）地籍调查工作程序及组织实施方案；

（3）地籍控制网点的布设和施测方法，以及坐标系统的选择；

（4）地籍图的规格、比例尺和分幅方法的选定；

（5）地籍测量方法的选用；

(6)地籍调查成果的质量标准、精度要求和依据的确定。

5. 表册、仪器、工具准备

表册准备包括所需表格及簿册(如地籍调查表、测量记录表等)的准备。所需仪器和用品取决于所采用的地籍测量方法,若有新拍摄的大比例尺航片或新测的大比例尺地形图,地籍测量任务又比较简单的,可以准备使用较简单的工具。在无图或图已较陈旧的情况下,要采用精度较高的地籍测量方法(如解析法),则需准备高精度全站仪或GPS接收机。

6. 人员培训

培训的主要内容是:组织地籍调查人员学习有关地籍的政策法规、技术规程,明确调查任务,学习调查方法、要求、操作要领。这是确保地籍调查质量的关键之一。

(二)外业调查、勘丈或测量

外业调查是根据土地登记申请人(法人、自然人)的申请和对申请材料初审的结果而进行的权属调查,即对土地的位置、界址、用途等进行实地核定、调查、勘丈。外业调查结果的记录,须经土地登记申请人的认定。

根据调查依法认定的权属界址和使用现状,必须按《城镇地籍调查规程》(TD 1001—1993)要求,进行实地的勘丈或测量,并确定各地籍要素的空间位置。

(三)内业工作

在外业工作基础上,进行室内量算面积,绘制宗地图和地籍图,整理地籍档案资料。

地籍调查成果应包括:

(1)地籍调查表及调查草图(附界址点间距,丈量原始记录);

(2)地籍控制测量原始记录,控制网图、平差计算成果等;

(3)地籍原图;

(4)地籍复制图(二底图);

(5)宗地图;

(6)地籍原图分幅接合表;

(7)地籍调查报告。

变更地籍调查是根据变更登记申请的变更项目进行的权属调查和地籍测量。其实际工作虽有一定特点,但程序和方法与初始地籍调查基本相同。

地籍调查成果资料主要包括技术设计书、地籍调查表、地籍平面控制测量的原始记录、控制点网图、平差计算资料及成果表、地籍勘丈原始记录、解析界址点成果表、地籍铅笔原图和着墨二底图、宗地图、地籍图、分幅接合表、面积量算表及原始记录、以街道为单位宗地面积汇总表、城镇土地分类面积统计表、检查验收报告以及技术报告。

检查验收是地籍调查工作的一个重要环节。其任务在于保证地籍调查成果的质量并对其进行评定。检查验收实行作业人员自检、作业组互检、作业队专检,由省级验收的三检一验制。自检按作业工序分别进行,每完成一道工序即随时对本工序进行全面检查。互检主要检查项目与自检相同。先进行内业检查，后进行外业检查。内业检查出的问题应做好记录，待外业检查时重点核对，需纠正改动的，由检查人员会同作业人员确认后实施。专检是指对经过自检和互检的调查成果进行全面的内业检查和重点的外业检查。验收在三级检查的基础上进行。

检查验收需对成果质量进行评定。地籍调查成果的评定材料，由文字材料、权属调查、控制测量、细部测量和地籍图五部分组成。按各单项检查得分合计后评定成果等级。

第三节　土地权属调查

一、土地权属调查概念

土地权属调查是对土地权属单位的土地权源及其权利所及的位置、界址、数量和用途等基本情况的调查。土地权属调查可分为土地所有权调查和土地使用权调查。在我国，初始土地所有权调查与土地利用现状调查一起进行，同时也调查城镇以外的国有土地使用权，如铁路、公路、独立工矿企事业、军队、水利、风景区的用地和国有农场、林场、苗圃的用地等。在城镇，权属调查是针对土地使用者的申请，对土地使用者、宗地位置、界址、用途等情况进行实地核定、调查和记录的过程。调查成果经土地使用者认定，可为地籍测量、权属审核和登记发证，提供具有法律效力的文书凭据。界址调查是权属调查的关键，权属调查是地籍调查的核心。

二、土地权属调查的内容

(1)土地的权属状况，包括宗地权属性质、权属来源、取得土地时间、土地使用者或所有者名称、土地使用期限等。

(2)土地的位置，包括土地的坐落、界址、四至关系等。

(3)土地的行政区划界线，包括行政村界线(相应级界线)、村民小组界线(相应级界线)、乡(镇)界线、区界线以及相关的地理名称等。

(4)对城镇国有土地，调查土地的利用状况和土地级别。

三、土地划分与地籍编号

土地划分是指为满足土地管理工作的需要所确定的地块所属地域上的空间层次。根据我国国情，划分的空间层次应与行政管理系统一致。

(一)宗地及土地权属界址

土地权属调查的基本单元是宗地。凡是被权属界址线所封闭的地块称为一宗地。一个地块由几个土地使用者共同使用而其间又难以划清权属界限的也称为一宗地，又叫共用宗。

土地权属界址(简称界址)包括界址线、界址点和界标。所谓土地权属界址线(简称界址线)是指相邻宗地之间的分界线，或称宗地的边界线。有的界址线与明显地物重合，如围墙、墙壁、道路沟渠等，但要注意实际界限可能是它们的中线、内边线或外边线。界址点是指界址线或边界线的空间或属性的转折点。

界标是指在界址点上设置的标志。界标不仅能确定土地权属界址或地块边界在实地的地理位置，为今后可能产生的土地权属纠纷提供直接依据，和睦邻里关系，同时也是测定界址点坐标值的位置依据。

(二)宗地的划分

根据权属性质的不同，宗地可分为土地所有权宗地和土地使用权宗地。依照我国相关法律法规，通常调查集体土地所有权宗地、集体土地使用权宗地和国有土地使用权宗地。

1.基本方法

无论集体土地所有权宗地，还是集体土地使用权宗地和国有土地使用权宗地，其划分如下：

(1)由一个权属主所有或使用的相连成片的用地范围划分为一宗地；

(2)如果同一个权属主所有或使用不相连的两块或两块以上的土地，则划分为两个或两个以上的宗地；

(3)如果一个地块由若干个权属主共同所有或使用，实地又难以划分清楚各权属主的用地范围的，划为一宗地，称组合宗地；

(4)对一个权属主拥有的相连成片的用地范围，如果存在土地权属来源不同，或楼层数相差太大，或存在建成区与未建成区(如住宅小区)，或用地价款不同，或使用年限不同等情况，在实地又可以划清界线的，可划分成若干宗地。

2.集体非农建设用地使用权宗地划分

在农村和城市郊区，依据宗地划分的基本原则，农村居民地内村民建房用地(宅基地)和其他建设用地，可按集体土地的使用权单位的用地范围划分为宗地，一般反映在农村居民地地籍图(岛图)上。

3.集体土地所有权宗地的划分

依照《中华人民共和国土地管理法》规定，农村可根据集体土地所有权单位(如村民委员会、农业集体经济组织、村民小组、乡(镇)农民集体经济组织等)的土地范围划分土地所有权宗地。

一个地块由几个集体土地所有者共同所有，其间难以划清权属界线的，为共有宗地。共有宗地不存在国家和集体共同所有的情况。

4.城镇以外的国有土地使用权宗地的划分

城镇以外，铁路、公路、工矿企业、军队等用地，都是国有土地，这些国有土地使用权界线大多与集体土地的所有权界线重合，其宗地的划分方法与前述相同。

5.争议地、间隙地和飞地

争议地是指有争议的地块，即两个或两个以上土地权属主都不能提供有效的确权文件，却同时提出拥有所有权或使用权的地块。间隙地是指无土地使用权属主的空置土地。飞地是指镶嵌在另一个土地所有权地块之中的土地所有权地块。这些地块均实行单独分宗。

(三)城镇地区土地编号

1.城镇地区土地划分及地籍编号

首先按各级行政区划的管理范围进行划分土地,城镇可划分区和街道两级,在街道内划分宗地(地块)。当街道范围太大时,可在街道的区域内,以线状地物(如街道、马路、沟渠或河道等)为界划分若干街坊,在街坊划分宗地(地块);当城镇比较小,无街道建制时,也可在区或镇的管辖范围内划分若干街坊,在街坊内划分宗地(地块)。对城镇,完整的土地划分就是:××省××市××街道××街坊××宗地(地块)。

通常以行政区划的街道和宗地两级进行编号,如果街道下划分有街坊就采用街道、街坊和宗地三级编号。一般情况下,地籍编号统一自西向东、从北到南从“001”开始按顺序编号,也可在街坊范围内按“弓”形编号。如02-03-015表示××省××市××区第2街道、第3街坊、第15宗地。地籍图上采用不同的字体及字号加以区分;而宗地号在图上宗地内以分数表示,分子为宗地编号,分母为地类号。通常省、市、区、街道、街坊的编号在调查前已经编好,调查时只编宗地号,并及时填写在相应的表册中。一般情况下,一个宗地完整的地籍编号有13位,前6位为省、地市、区/县的代码,可直接采用身份证的前6位编号方案,后7位按上述宗地编号方法编号。如2301030203015表示黑龙江省哈尔滨市南岗区第2街道、第3街坊、第15宗地的地籍号。

2.农村地区土地划分及地籍编号

按我国目前农村行政管辖系统,末级行政区是乡(镇),按城镇模式,完整的土地划分应是:××省××县(县级市)××乡(镇)××行政村××宗地××地块(图斑)。

农村应以乡(镇)、宗地和地块三级组成编号。其编号方法和原则同上,如03-005-008表示××省××县(县级市)××乡(镇)第3行政村、第5宗地、第8地块(图斑)。通常省、县(县级市)、乡(镇)、行政村的编号在调查前已经编好,调查时只编宗地号和地块号,并及时填写在相应的表册中。对农村地区,一个完整的地籍编号一般有16位,如6103240503005008表示陕西省宝鸡市扶风县第5乡(镇)第3行政村、第5宗地、第8地块(图斑)。

一些地区的土地管理部门对土地划分与地籍编号的方法有特殊的要求和规定,在实地权属调查时应按有关规定要求执行。

四、土地分类

在城镇地籍调查工作中,原则上一个宗地一个类别。对于一个含有多种用途的宗地,则以宗地的主要用途为分类标准。当宗地内使用类别明显不同,并且类别界线明显、面积较大时,可在宗地内划分出不同的使用类别界线。

五、土地权属调查的程序

(1)拟订调查计划。首先明确调查任务、范围、方法、时间、步骤、人员组织以及经费预算，然后组织专业队伍，进行技术培训与试点。

(2)物质方面准备。印刷统一制定的调查表格和簿册，配备各种仪器与绘图工具、生活交通工具和劳保用品等。

(3)调查底图的选择。根据需要和已有的图件，选择调查底图。一般要求使用近期测绘的地形图、航片、正射像片等。调查土地所有权，调查底图的比例尺在1∶5 000～1∶50 000之间；调查土地使用权，调查底图的比例尺在1∶500～1∶2 000之间。

(4)街道和街坊的划分。在确定了调查范围之后，还要在调查底图上，依据行政区或自然界线划分成若干街道和街坊，作为调查工作区。

(5)发放通知书。实地调查前，要向土地所有者或使用者发出通知书，同时对其四至发出指界通知。按照工作计划，分区分片通知，并要求土地所有者或使用者(法人或法人委托的指界人)及其四至的合法指界人，按时到达现场。

(6)土地权属资料的收集、分析和处理。在进行实地调查以前，调查员应到土地权属单位，收集土地权属资料，并对这些资料进行分析处理，确定实地调查的技术方案。在进行资料分析处理时，对于能完全确权的宗地，在调查的底图上标绘出各宗地的范围线，并预编宗地号，及时建立地籍档案。否则，按街道或街坊将宗地资料分类，预编宗地号，在工作图上大致圈定其位置，以备实地调查。

(7)实地调查。根据资料收集、分析和处理的情况，逐宗地进行实地调查，现场确定界址位置，填写地籍调查表，绘制宗地草图。

(8)资料整理。在资料收集、分析、处理和实地调查的基础上，编制宗地号，建立宗地档案，准备地籍测量所需的资料。

六、土地权属状况调查

(一)土地权属来源调查

土地权属来源(简称权源)是指土地权属主依照国家法律获取土地权利的方式。

1.集体土地所有权来源调查

集体土地所有权的权属来源种类主要包括：

(1)土改时分配给农民并颁发了土地证书，土改后转为集体所有；

(2)农民的宅基地、自留地、自留山及小片荒山、荒地、林地、水面等；

(3)城市郊区依照法律规定属于集体所有的土地；

(4)凡在1962年9月《农村人民公社工作条例修正草案》颁布时确认的生产经营的土地和以后经批准开垦的耕地；

(5)城市市区内已按法律规定确认为集体所有的农民长期耕种的土地、集体经济组织长期使用的建设用地、宅基地；

(6)按照协议，集体经济组织与国有农、林、牧、渔场相互调整权属地界或插花地后，归集体所有的土地；

(7)国家划拨给移民并确定为移民拥有集体土地所有权的土地。

2.城镇土地使用权来源调查

迄今为止,我国城镇土地使用权属来源主要分两种情况:一种是1982年5月《国家建设征用土地条例》颁布之前权属主取得的土地,通常叫历史用地;另一种是1982年5月《国家建设征用土地条例》颁布之后权属主取得的土地。具体有:

(1)经人民政府批准征用的土地,叫行政划拨用地,一般是无偿使用的;

(2)1990年5月19日中华人民共和国国务院令第55号《中华人民共和国城镇国有土地使用权出让和转让暂行条例》发布后权属主取得的土地,叫协议用地,一般是有偿使用的。

在土地权属调查时,具体的情况可能较复杂,各个地方的情况也有所差别。

3.土地权属来源调查的注意事项

在调查土地权属来源时,应注意被调查单位(即土地登记申请单位)与权源证明中单位名称的一致性。发现不一致时,需要对权属单位的历史沿革、使用土地的变化及其法律依据进行细致调查,并在地籍调查表的相应栏目中填写清楚。

(二)其他要素的调查

1.权属主名称

权属主名称是指土地使用者或土地所有者的全称。有明确权属主的为权属主全称;组合宗地要调查清楚全部权属主全称和份额;无明确权属主的,则为该宗地的地理名称或建筑物的名称,如××水库等。

2.取得土地的时间和土地年期

取得土地的时间是指获得土地权利的起始时间。土地年期是指获得国有土地使用权的最高年限。在我国,城镇国有土地使用权出让的最高年限规定:住宅用地为70年;工业用地为50年;教育、科技、文化、卫生、体育用地为50年;商业、旅游、娱乐用地为40年;综合或者其他用地为50年。

3.土地位置

对土地所有权宗地,调查核实宗地所在乡(镇)、村的名称以及宗地预编号及编号。对土地使用权宗地,调查核实土地坐落,宗地四至,所在区、街道、门牌号,宗地预编号及编号。

七、土地权属界址调查

界线调查时,必须向土地权属主发放指界通知书,明确土地权属主代表到场指界时间、地点和需带的证明与权源材料。

1.界址调查的指界

界址调查的指界是指确认被调查宗地的界址范围及其界址点、线的具体位置。现场指界必须由本宗地及相邻宗地指界人亲自到场共同指界。若由单位法人代表指界,则出示法人代表证明。当法人代表不能亲自出席指界时，应由委托的代理人指界，并出示委托书和身份证明。由多个土地所有者或使用者共同使用的宗地，应共同委托代表指界，并出示委托书和身份证明。

对现场指界无争议的界址点和界址线，要埋设界标，填写宗地界址调查表，各方指界人要在宗地界址调查表上签字、盖章，对于不签字、盖章的，按违约缺席处理。

宗地界址调查表的填写应特别注意标明界址线应在的位置，如界址点(线)标志物的中心、内边、外边等。

对于违约缺席指界的，根据不同情况按下述办法处理：

(1)如一方违约缺席，其界址线以另一方指定的界址线为准确定。

(2)如双方违约缺席，其界址线由调查员依据有关图件和文件，结合实地现状决定。

(3)确定界址线(简称确界)后的结果以书面形式送达违约缺席的业主，并在用地现场公告，如有异议的，必须在结果送达之日起 15 日内提出重新确界申请，并负责重新确界的费用，逾期不申请，确界自动生效。

2. 权属主不明确的界线调查

(1)征地后未确定使用者的剩余土地和法律、法规规定为国有而未明确使用者的土地，在国有土地使用权、乡(镇)集体土地所有权和村集体土地所有权界线调查的基础上，根据实际情况划定土地界线。

(2)暂不确定使用者的国有公路、水域的界线，一般按公路、水域的实际使用范围确界。

(3)不明确或暂不确定使用者的国有土地与相邻板属单位的界线，暂时由相邻权属单位单方指界，并签订《权属界线确认书》，待明确土地使用者并提供权源材料后，再对界线予以正式确认或调整。

3. 乡镇行政境界调查

调查队会同各相邻乡(镇)土地管理所依据既是村界又是乡(镇)界的界线，结合民政部门有关境界划定的规定，分段绘制相邻乡(镇)行政境界接边草图，并将该图附于《乡(镇)行政界线核定书》中，由调查队将所确定的乡(镇)行政界线标注在航片或地形图上，提供内业编辑。

4. 界标的设置

调查人员根据指界认定的土地范围设置界标。对于弧形界址线，按弧线的曲率可多设几个界标。对于弯曲过多的界址线，由于设置界标太多，过于烦琐，可以采取截弯取直的方法，但对相邻宗地来说，由取直划进、划出的土地面积应尽量相等。

乡(镇)、行政村、村民小组、公路、铁路、河流等界线一般不设界标，但土地行政管理部门或权属主有要求和易发生争议的地段，应设立界标。

八、地籍调查表的填写

地籍调查表是土地权属调查确定权属界线的原始记录，是处理权属争议的依据之一，必须按规定的格式和要求认真填写。

地籍调查表填写说明如下。

(一)封面

(1)编号:是宗地的正式地籍号。
(2)土地权利人:该宗地土地权利人的法定全称。
(3)地址:该宗地权利人的法定地址。
(4)年、月、日:受理地籍调查时间。

(二)地籍调查表

1. 初始、变更

若初始地籍调查时,在“变更”二字上画一从左上至右下的斜杠,反之则在“初始”二字上画斜杠。

2. 土地权利人名称

(1)原——初始城镇地籍不填写。
(2)现——土地权利人的法定名称。

3. 土地权属性质

土地权属性质包括国有土地使用权或集体土地建设用地使用权或集体土地所有权。

4. 土地坐落

土地坐落指本宗地所在县(市)街道具体位置。

5. 所在图幅号

(1)未破宗时,所在图幅号即为此宗地所在的图幅号;
(2)破宗时,所在图幅号应该包括此宗地各部分地块所在地籍图图幅号。

6. 宗地号

宗地号是指通过调查正式确定的地籍号。

7. 法人代表或权利人

“法人代表或权利人”一栏填写单位法人代表(与“地籍调查法人代表身份证明书”一致)或土地权利人姓名及其身份证号码和联系电话。

8. 委托代理人

“委托代理人”一栏填写法人代表直接委托的代理人(与“指界委托书”一致)姓名及其身份证号码和联系电话。

9. 宗地四至

“宗地四至”具体填写本宗地直接相邻宗地名称、地物的四至情况,如四至情况复杂可注

“详见宗地草图”字样。

10.批准用途、实际用途、使用期限

批准用途是指权属证明材料中批准的此宗地土地用途。实际用途是指现场调查核实的此宗地主要用途,既《全国土地分类》二级分类名称。使用期限是指权属证明材料中批准此地块使用的期限,如“10 年(2008.01.01 至 2017.12.30)”等,没有规定期限的可以空此栏。

11.土地使用权类型

国有土地使用权分为划拨、出让、入股、租赁、授权经营。集体土地建设用地使用权类型为荒地拍卖、批准拨用宅基地、批准拨用企业用地、集体土地入股等。

12.共有使用权情况

共有使用权情况指共用宗地时,使用者共同使用此宗地的情况。

13.其他需要说明情况

其他需要说明情况包括:说明初始地籍调查时,注记此宗地局部改变的用途等;变更地籍调查时,注明原使用者、土地坐落、地籍号及变更的主要原因;宗地的权属来源证明材料需要说明的情况。

14.界址种类、界址线类别及位置

根据现场调查结果,在相应位置处注“V”符号,也可在空栏处填写表中不具备的种类、类别等。

15.界址调查员姓名

界址调查员姓名指所有参加界址调查的人员姓名。

16.指界人签章

指界人签章指界人姓名、签字,原则上不得空白,且指界人必须签字、盖章或按手印。

17.权属调查员记事及调查员意见

(1)现场核实申请书中有关栏目填写是否正确,不正确的作更正说明。
(2)界址有纠纷时,要记录纠纷原因(含双方各自认定的界址),并尽可能提出处理意见。
(3)指界手续履行等情况。
(4)界标设置、边长丈量等,并注明界址点数和界址边数。
(5)评定能否进入地籍测量阶段。

18.地籍勘丈记事

(1)勘丈前界标检查情况。
(2)根据需要,适当记录勘丈界址点及其他要素的技术方法、仪器。
(3)遇到的问题及处理的方法。

（4）尽可能提出遗留问题的处理意见。

19.地籍调查结果审核意见

审核人对地籍调查结果进行全面审核，如无问题，即填写合格；如果发现调查结果有问题，应填写不合格，并指明错误所在及处理意见。

审核人签章：审核者签字、盖章。

（三）填表要求

（1）表中内容填写处原则上不得空项。

（2）表中填写项目不得涂改，每一处只允许划改一次，并在划改处盖土地登记专用章，以示负责；全表划改超过两处时，整个表作废。

（3）填写时，需使用蓝黑墨水或碳素墨水，字迹工整、清晰、整洁。

（4）不得使用谐音字、国家未批准的简化字或缩写名称。

（5）地籍调查表按一宗地一个土地使用者填写，共有宗地按共有土地使用者的个数逐户填写。界址调查表可以续页，宗地草图可以附贴，凡续页或附贴的，必须加盖管理机关的公章。

九、土地权属界址的审核与调查处理

外业调查后，要对其结果进行审核和调查处理。使用国有土地的单位，要将实地标绘的界线与权源证明文件上记载的界线相对照。若两者一致，则可认为调查结束；否则需查明原因，视具体情况作进一步处理。对集体所有土地，若其四邻对界线无异议并签字盖章，则调查结束。

有争议的土地权属界线，短期内确实难以解决的，调查人员填写《土地争议原由书》一式5份，权属双方各执1份，市、县（区）、乡（镇、街道）各1份。调查人员根据实际情况，选择双方实际使用的界线，或争议地块的中心线，或权属双方协商的临时界线作为现状界线，并用红色虚线将其标注在提供市、区的《土地争议原由书》和航片（或地形图）上。争议未解决之前，任何一方不得改变土地利用现状，不得破坏土地上的附着物。

十、宗地草图的绘制

宗地草图是描述宗地位置、界址点、线和相邻宗地关系的实地草编记录。在进行权属调查时，调查员填写并核实所需要调查的各项内容，实地确定界址点位置并对其埋设标志后，现场草编绘制宗地草图。

1.宗地草图记录的内容

（1）本宗地号和门牌号，权属主名称和相邻宗地的宗地号、门牌号、权属主名称等。

（2）本宗地界址点，界址点序号及界址线，宗地内地物及宗地外紧靠界址点线的地物等。

（3）界址边长、界址点与邻近地物的相关距离和条件距离。

（4）确定宗地界址点位置，界址边长方位所必需的建筑物或构筑物。

（5）概略指北针和比例尺、丈量者、丈量日期。

2.宗地草图的特征

(1)它是宗地的原始描述。

(2)图上数据是实量的,精度高。

(3)所绘宗地草图是近似的,相邻宗地草图不能拼接。

3.宗地草图的作用

(1)它是地籍资料中的原始资料。

(2)配合地籍调查表,为测定界址点坐标和制作宗地图提供了初始信息。

4.绘制宗地草图的基本要求

绘制宗地草图要求纸张规格为32开、16开或8开,使用铅笔绘制,保证线条均匀、字迹清楚,数字注记字头向北向西书写。草图应现场绘制,用钢尺丈量界址边长,注记到0.01 m。

第四节　土地利用现状调查

土地利用现状调查是指为查清现状用地的数量及其分布而进行的土地资源调查。土地利用现状调查分概查和详查两种。概查是为满足国家编制国民经济长远规划、制定农业区划和农业生产规划的急需而进行的土地利用现状调查。详查是为国家计划部门、统计部门提供各类土地详细、准确的数据,为土地管理部门提供基础资料而进行的调查。本节的土地利用现状调查主要指农村土地利用现状调查,而城镇土地利用现状调查随城镇土地使用权调查同步进行。

一、调查的目的

(1)为制订国民经济计划和有关政策服务。国民经济各部门的发展都离不开土地。土地利用现状调查获得的土地资料可为编制国民经济和社会发展长远规划、中期计划和年度计划提供切实可靠的科学依据,同时,它还可为国家制定各项政策方针及对重大土地问题的决策提供服务。

(2)为农业生产提供科学依据。农业是国民经济的基础,土地是农业的基本生产资料。因此,土地利用现状调查可为编制农业区划、土地利用总体规划和农业生产规划提供土地基础数据,并为制订农业生产计划和农田基本建设等服务。

(3)为建立土地登记和土地统计制度服务。通过土地利用现状调查,查清各类土地的权属、界线、面积等,为土地登记提供证明材料,为土地统计提供基础数据,为建立土地登记和土地统计制度服务。

(4)为全面管理土地服务。为地籍管理、土地利用管理、土地权属管理、建设用地管理和土地监察等提供基础资料。

二、调查的内容

根据土地利用现状调查的目的,其调查内容可归纳如下:

(1)查清村和农、林、牧、渔场以及居民点的厂矿、机关、团体、学校等企事业单位的土地权属界线和村以上各级行政辖区范围界线。

(2)查清土地利用类型及分布,量算地类面积。

(3)按土地权属单位及行政辖区范围汇总面积和各地类面积。

(4)编制分幅土地权属界线图和县、乡两级土地利用现状图。

(5)调查、总结土地权属及土地利用的经验和教训,提出合理利用土地的建议。

三、调查的原则

为保质保量地完成调查任务,必须遵守下列调查原则。

1.实事求是的原则

为查实土地资源家底,国家要投入巨大的人力、物力和财力,因此在调查过程中,一定要实事求是,防止来自任何方面的干扰。

2.全面调查的原则

土地利用现状调查必须严格按《土地利用现状调查技术规程》的规定和精度要求进行,并实施严格的检查、验收制度。事实证明,各种类型土地都有相对的资源价值,全面调查有益于人们放开视野,把所有的土地资源都视为人们努力开发利用的对象。从调查工作的组织管理来看,全面调查既经济又科学。

3.一查多用的原则

所谓一查多用,就是要充分发挥土地利用现状调查成果的作用,不仅为土地管理部门提供基础资料,而且为农业、林业、水利、城建、统计、计划、交通运输、民政、工业、能源、财政、税务、环保等部门提供基础资料。

4.运用科学的方法

在调查中要尽量采用最新的科学技术和方法。土地利用现状调查中选用什么技术手段,应当贯彻在保证精度的前提下,兼顾技术先进性和经济合理性的原则。为了保证和提高精度,应逐步把现代化技术手段,如数字测量技术、全球定位系统(GPS)、遥感技术(RS)、地理信息系统(GIS)等,运用到土地利用现状调查中。

土地利用现状调查必须以测绘图件为量测的基础。测绘图件的形成依靠了严密的数学基础和规范化的测绘技术,因而测绘图件能精确、有效地反映土地资源、土地权属和行政管辖界线的空间分布;运用测绘图件进行调查的另一优越性在于土地面积的测量有统一的基准,即土地面积的量测在统一的地球参考面上进行,不同地点的土地面积可以相互比较;再者,图上量测可以化大量野外工作为室内工作,减少了工作量和工作难度。

5.以"改进土地利用,加强土地管理"为基本宗旨

科学地管理好土地,合理地利用土地是土地管理的基本出发点。土地利用现状资料是科学管理土地和合理利用土地的必要基础资料。

6. 以“地块”为单位进行调查

在土地所有权宗地内，按土地利用分类标准为依据划分出的一块地，称作土地利用分类地块(简称地块)，俗称图斑。地块是土地利用调查的基本土地单元，对每一块土地的利用类型都要调查清楚。

四、土地利用现状分类

土地利用现状分类，主要依据土地的用途、经营特点、利用方式和覆盖特征等。我们国家在不同的历史时期颁布了不同的土地利用现状分类标准，2007 年制定的《土地利用现状分类》(GB/T 21010—2007)采用二级分类体系，一级类 12 个，二级类 57 个。

五、土地利用现状调查的程序

土地利用现状调查工作是一项庞杂的系统工程，为确保成果资料符合技术规程的要求，必须遵照相关技术规程，按照土地利用现状调查工作的特点和规律，有条不紊地开展工作。其工作程序如下。

(一)准备工作

1. 调查申请

具备了调查条件的县(市)，由县级土地管理部门编写“土地利用现状调查任务申请书”或“土地利用现状调查和登记、统计任务申请书”(以下简称“申请书”)。其主要内容包括：辖区基本情况；需用哪些图件资料；组织机构及技术力量情况；调查计划及经费预算；等等。“申请书”要经县级人民政府同意，然后报上级土地管理部门审批。申请批准后立即着手组织准备、资料准备和仪器设备准备等工作。

2. 组织准备

组织准备包括建立领导机构、组织专业队伍、建立工作责任制等。

3. 资料准备

资料准备包括收集、整理、分析各种图件资料、权属证明文件以及社会经济统计资料。

权属证明文件的收集包括征用土地文件、清理违法占地的处理文件、用地单位的权源证明等。

为了便于划分土地类型和分析土地利用状况，应向各有关部门收集专业调查资料，如行政区划图、地貌、地质、土壤、水资源、森林资源、气象、交通、人口、劳力、耕地、产量、产值、收益、分配等方面的统计资料，以及土地利用经验和教训等。

土地利用现状调查，从准备工作到外业调绘、内业转绘，都是为了获得真实反映土地利用现状的工作底图，即基础测绘图件。常见的基础测绘图件有以下几种：

(1)航片。应收集最新的航片及其相关信息，如航摄日期、航片比例尺、航高、航摄倾角、航摄仪焦距等数据资料。利用最新航片进行外业调绘，能充分利用航片信息量丰富且现势性强的特点，技术较易掌握，外业基本不需仪器，所需调查经费较少，又能保证精度。

(2)地形图。需购置两套近期地形图,一套用于外业调查,另一套留室内用于编制工作底图。如果地形图成图时间长,地物地貌会发生变化,必须进行外业补测工作。

(3)正射影像图。正射影像图是经过像片纠正,没有投影差的影像图,调绘后可以直接勾绘成图。正射影像图精度高,后续工作少,容易操作。射影像图的地物、线状地物、零星地物色彩层次分明,容易辨读,新增地物少也容易补测。目前的土地利用现状调查大多采用正射影像图作为工作底图和调绘用图。

(4)其他图件。如彩红外片和大像幅多光谱航片,其特点是信息丰富、分辨率高,大量室外判读可转到室内进行,既可减少外业工作量,又能保证精度。

4.仪器设备准备

调查前要准备好调查必需的仪器、工具和设备,包括配备必要的测绘仪器、转绘仪器、面积量算仪器、绘图工具、计算工具、聚酯薄膜等,印制各种调查手簿、表格,准备必要的生活、交通和劳动用品等。

(二)外业调绘与补测

土地利用现状调查外业工作简称外业调绘,包括行政界线和土地权属界线调绘、地类调绘、现状地物调绘及其地物地貌的修补测等。通过外业调绘将地类界线、权属界线、行政界线、地物和现状地物等调绘到航片上,并进行清绘、整饰,检查验收合格后成为内业工作的底图。外业调绘也称航片调绘,是指在研究航片影像与地物、地貌内在联系的基础上进行的判读、调查和绘注的工作。外业工作的准确程度对调查成果的质量起着决定作用,对今后的土地管理工作也有着深远影响。因此,外业调绘应尽量采用先进的科学技术和高质量的测绘基础图件,严格执行相关的规范和规程。

外业工作的程序包括准备工作、室内预判、外业调绘、外业补测、航片的整饰与接边等。调绘前的准备工作和室内预判是为了减少野外工作量,为野外调绘和补测做准备。调绘、补测是外业工作的核心,是对权属界线及各种地物要素进行绘注和修补测等工作。航片的整饰和接边是对外业调绘和补测的航片进行清绘整饰工作。

1.准备工作

外业调绘的准备工作包括同名地物点的选刺、调绘面积的划分和预求像片平均比例尺等。为减少外业调绘工作量,应先邀请熟悉当地情况的人一起进行室内预判。在山区、丘陵地区,一般对照地形图,在立体镜下进行预判。在预判的基础上,制定外业调绘路线。一般结合土地权属界线调查,外围走"花瓣"形路线,土地所有权宗地内地类界线的调绘"S"取形路线。

2.地类调绘

地类调绘是按"土地利用现状分类及含义",在土地所有权宗地内,实地对照基础测绘图件逐一判读、调查、绘注的技术性工作。地类调绘时应注意:认真掌握分类含义,注意区分相接近的地类,如改良草地与人工草地、水浇地与菜地等难以区分的地类,要结合实地询问确定;地类界应封闭,并以实线表示,对小于图上 1.5 mm 的弯曲界线可简化合并,地类按《土地利用现状调查技术规程》规定的图例符号注记在航片上;对小于《土地利用现状调查技术规程》规定的地形图上最小面积的小图斑可综合取舍,作零星地类处理,实丈其面积,记入调查手簿,待面积量算时再从大图斑中扣除。地形图上最小图斑面积:居民地为 4 mm^2,耕地、园地为 6 mm^2,其他地类为 15 mm^2,相应的航片上最小调绘图斑的面积,应根据航片的平均比例尺进行折算。当地类界与线状地物或土地权属界、行政界重合时,可省略不绘。调绘的地类图斑以地块为单位统一编号。能清晰判读的地类界线的位移不应超过 1 mm。

3. 线状地物调绘

现状地物包括河流、铁路、公路以及固定的沟、渠、路等。通常规定北方不小于 2 m、南方不小于 1 m 的线状地物,要进行调绘并实地丈量宽度,丈量精确到 0.1 m。对变化比较大的线状地物,应分段丈量。实量沟、渠、路、堤等并列的或附近的线状宽度时,要同时查明线状地物的归属。调绘的线状地物应编号,实量宽度及归属填写在外业调查表中。

线状地物按规定的图例符号注记在基础测绘图件上:不依比例尺符号,绘在中心;依比例尺符号,实丈宽度描绘边界。对并列的小线状地物,在确保主要线状地物的权属和数据准确的前提下适当综合取舍。

对变化了的地物和地貌要进行野外修补测。当地物、地貌变化范围不大时,采用补测;当其变化范围超过 1/3 时,则需进行重测或重摄。通常,修补测在基础测绘图件上进行,外业补测与外业调绘结合进行。

经外业调绘和外业补测的航片应及时清绘整饰,经检查验收合格后,才能转入内业工作阶段。

(三)内业工作

土地利用现状调查的内业工作包括航片转绘、面积测算、成果整理等。航片转绘和面积测算是内业工作的中心内容。成果整理包括面积的汇总统计、土地利用现状图、权属图的编制及土地利用现状调查报告或说明书的编写等。

航片转绘是将航片外业调绘与补测的内容转绘到内业底图上的室内工作,其成果是编制土地利用现状图和土地权属界线图的原始工作底图。如外业调绘用的是单张中心投影的未纠正航片,它存在倾斜误差、投影误差和比例尺变化,因此不能把调绘成果直接描绘到内业底图上。需要通过转绘来消除倾斜误差和限制投影误差,变中心投影为正射投影,并将航片比例尺归化到某一固定比例尺,以获得所需的工作底图。当所用航片为正射像片时,这项工作可不做。

土地利用现状图、土地所有权属图等图件的绘制及面积测算方法、程序、原则和统计见第五章地籍测量。

六、土地利用现状调查提交的主要成果资料

土地利用现状调查的主要成果如下:

(1)县、乡(镇)、村各类土地面积统计表;

(2)各权属单位土地面积统计表;

(3)县、乡(镇)土地利用现状图;

(4)分幅的土地权属界线图;

(5)县、乡(镇)土地边界接合表;

(6)县土地利用现状调查报告;

(7)乡(镇)土地利用现状调查报告;

(8)其他有关资料,如权属争议处理决定、面积量算原始记录等。

地方土地利用现状调查结果经本级人民政府审核,报上一级人民政府批准后,应当向社会公布;全国土地利用现状调查结果报国务院批准后,应当向社会公布。

第五节　土地利用变更调查

由于土地在利用过程中,其用途会发生变化,为保持原有土地利用调查资料的现势性,必须进行土地利用变更调查。土地利用变更调查是指在完成土地利用现状初始调查之后,为满足日常土地管理工作的需要而进行的土地权属、编制、数量的变更调查。通过变更调查,不仅可以使地籍资料保持现势性,还可以提高数据精度,修正以前的错误,逐步完善地籍内容。

土地利用变更调查的基本技术和方法与前面讲述的一致。在进行土地利用变更调查时,可以收集和运用日常积累的丰富资料,充分应用测绘新技术和信息管理技术,使调查工作更快捷、更方便。土地利用变更调查的作用和特点与变更地籍调查的作用和特点是一致的。下面就土地利用变更调查的几个关键问题进行简要说明。

一、可使用的资料

(1)原土地利用现状调查资料,包括土地利用现状图、土地权属图、各种文件资料等。

(2)近期的航空摄影像片、正射像片和卫星影像等。

(3)初始和日常城镇村庄地籍调查资料。

(4)土地复垦、土地开发、土地征用、农业结构调整和土地整理等资料。

二、变更调查的技术流程

近年来,摄影测量技术、GIS技术、GPS动态定位技术的迅速发展,为土地管理技术增添了新的技术手段。GPS动态定位技术的飞速发展导致了GPS辅助航空摄影测量技术的出现和发展。实践表明,该技术可以极大地减少地面像片控制点的数量,缩短成图周期,降低成本。目前,该技术已进入实用阶段,北京市、海南省和中越边境地区等都相继成功实施了GPS辅助航空摄影测量。

借用已有的GIS平台和数字摄影测量技术,开发和建立土地信息方面的管理系统,实现数据的采集、处理、分析、应用的信息流过程,减少了中间环节,降低了错误发生率,提高了精度和效益,并为今后的变更调查提供了极大的方便。例如,根据收集到的资料,建立土地利用数据库、土地权属数据库和航空影像数据库(栅格)等。把土地利用现状线画图形与影像数据叠加,采用自动分析或人工分析技术,可自动或半自动地判定和提取地类变更区域,并输出正射影像图(含线画)用于外业调绘和修测,再利用数字摄影测量技术测制数字土地利用现状图和土地权属图,并建立更新数据库,实现面积的自动测算和汇总。其基本技术流程如下:

(1)航空摄影、像片控制测量。

(2)已有资料的数据库建立。

(3)图形叠加、分析,正射影像的输出。

(4)外业地类调绘、权属调查。

(5)内业修测、编辑。

(6)图形回放、检查。

(7)图形精编、面积计算和汇总。

(8)坡向图制作和坡度、坡向数据库建立。

(9)编写各项技术报告、说明书、成果资料等。

(10)土地利用变更调查成果输出。

(11)成果资料建档。

(12)检查、验收。

第三章　土地利用现状调查

目前，我国的土地利用遥感动态监测主要是对耕地和建设用地等土地利用变化情况进行科学、及时、直接、客观的定期监测，检查土地利用总体规划及年度用地计划执行情况，重点核查每年土地变更调查汇总数据，为国家宏观决策提供比较可靠、准确的土地利用变化情况；对违法和涉嫌违法用地的地区及其他特定目标等情况进行快速的日常监测，为违法用地查处及突发事件处理提供依据，为土地执法监察提供高效、科学的手段。通过几年的全国大范围土地利用动态遥感监测项目的实施，遥感监测在其应用的广度和深度方面有了新的进展，遥感监测的成果在政府决策和土地行政管理中发挥着越来越重要的作用。

第一节　土地利用现状调查概述

一、土地利用现状调查基本要求

（一）调查范围和任务

土地利用现状调查是土地调查的重要任务，它以查清土地利用状况为宗旨，以提供客观真实的土地基础图件和数据为首要目标，以为国土资源日常管理和经济发展服务为目的。土地利用现状调查以县级行政区为基本调查单位，按照统一的技术标准，开展土地利用现状调查，查清土地利用状况，并以此为基础，自下而上逐级汇总全国的土地利用状况。

土地利用现状调查覆盖全部调查区域，其中城市、建制镇、村庄、采矿用地、风景名胜及特殊用地，通常按单一地类图斑调查。除此以外的其他土地，依据土地利用现状分类标准进行细化调查。逐地块实地调查土地的地类、面积和权属，掌握各类用地的分布和利用状况，以及国有土地使用权和集体土地所有权状况。具体调查任务如下：

（1）土地行政和权属界线调查。

（2）地类调查。

（3）土地调查数据库建设。

（4）统计汇总。

（5）文字报告编写。

(二)调查的基本原则

1. 实事求是原则

土地调查坚持实事求是的调查原则,要防止和排除来自行政、技术等各方面的干扰,做到数据、图件、实地三者一致。同时,可采用遥感技术,加大核查力度,保障调查数据的真实性和可靠性。

2. 统一要求原则

调查中必须全面、严格执行调查规程规定的调查内容、技术要求、调查方法、精度指标、成果内容,保证全国调查成果的统一性、规范性。

3. 数字化调查原则

调查工作须借助现代信息技术,从调查底图制作、实地调查、数据库建设到调查最终成果形成等,全面实现数字化,实现国家、省、市、县四级调查成果的互联互通和快速更新,满足管理对调查成果查询、汇总、统计和分析的需要。

4. 继承性原则

对以往调查形成的成果,如确权登记发证资料、土地权属界线协议书等,经核实无误的可继承使用,既提高调查工作效率,又保持成果延续性。

5. 充分利用已有调查成果原则

土地调查应充分利用以往调查成果,如土地利用数据库、土地利用图、土地变更调查成果等,发挥它们在地类、界线、属性等方面的辅助作用,提高调查的准确性和效率。

(三)地类划分依据

土地利用现状分类标准是地类调查的依据。土地利用现状调查中,由于调查比例尺所限,对城镇等建设用地内部不能使用土地利用现状分类标准。因此,为了适应农村土地调查需要,对土地利用现状分类标准中有关建设用地进行了归并,制定了《城镇村及工矿用地》分类标准。《城镇村及工矿用地》是将土地利用现状分类标准中的铁路、公路等建设用地以外的建设用地划分为城市用地、建制镇用地、村庄用地、采矿用地、风景名胜及特殊用地 5 个地类。

土地利用现状调查地类,依据土地利用现状分类标准和《城镇村及工矿用地》分类采取两级分类,统一编码排序。

在制定土地利用现状分类标准中,除根据土地的覆盖特征、利用方式、现状用途、经营特点等制定外,还参照了农、林、水、交通、建设等直接与土地有关部门的现行法律法规及分类,并借鉴了国外的一些分类方法。因此,在具体认定与这些部门有关地类时,要注意参考这些部门已制定的国标、行标等。但是调查中认定的地类不涉及土地适宜性分类(如宜林地)和土地利用规划(如城市规划区)等,更不能据此划分部门的管理范围。

二、调查方法与精度要求

土地利用现状调查以航空或航天遥感正射影像图(Digital Orthophoto Map,DOM)为调查底图,充分利用已有的调查成果等资料,综合应用"3S"技术,依据土地利用现状分类标准,按照实地现状对地类及其界线进行调查。

土地利用现状调查即地类调查一般采用调绘法。调绘主要包括四方面的内容:一是当影像上地类界线与实地一致时,将地类界线直接调绘到调查底图上;二是当影像不清晰或实地地物与影像不一致时,采用实地测量方法,将地物补测到调查底图上;三是当有设计图、竣工图等有关资料时,可将新增地物的地类界线直接补测在土地利用现状图上,但必须实地核实确认;四是将地物的坐落、权属性质、权属单位、图斑编号、地类编码、耕地类型、线状地物宽度等属性标注在调查底图或《土地利用现状调查记录手簿》上。常用的调绘方法有综合调绘法和全野外调绘法。

(一)综合调绘法

综合调绘法是土地利用现状调查中地类调查的主要方法,是内业解译(判读、判译、预判、判绘)和外业核实、补充调查相结合的调绘方法。首先在室内直接对影像进行解译,也可直接利用已有土地利用数据库与调查底图(即遥感正射影像图)套合解译,依据影像对界线进行调整。将认为能够确认的地类和界线、不能够确认的地类或界线、无法解译的影像等,用不同的线划、颜色、符号、注记等形式(根据自己的习惯自行设定)都标绘在调查底图上。然后到实地,将内业标绘的地类、界线等内容逐一进行核实、修正或补充调查。将内业解译正确的予以肯定,不正确的予以修正,新增加的地物予以补测,并用规定的线划、符号在调查底图上标绘出来,将地物属性标注在调查底图或填写在《土地利用现状调查记录手簿》上。最终获得能够反映调查区域内土地利用状况的原始调查图件和资料,以此作为内业数据库建设的依据。

综合调绘法分三步完成。

第一步,室内解译前可广泛收集与调查区域有关资料,如以往土地调查图件资料、土地利用数据库、自然地理状况、交通图、水利图、河流湖泊分布图、农作物分布图、地名图等。这些资料不论精确或粗略,都会对室内判读有参考价值。

第二步,室内解译采用的方式有直接目视判读标绘、立体(具备立体像对时)判读标绘以及直接利用已有土地利用数据库与调查底图套合解译及标绘。依据影像对界线进行调整标绘。通过室内解译,从影像中判读出地类和界线,并标绘在调查底图上。影像不够清晰或室内无法判读的地类或界线,由野外补充调查确定。

第三步,外业实地核实和补充调查。外业之前,首先要计划核实和补充调查路线、核实和补充调查重点以及一般查看的内容,做到心中有数,既要对内业解译内容进行全面核实和补充调查,保证成果质量,又要突出重点,提高工作效率,发挥内业解译的作用。

综合调绘法可以将大量外业调绘工作转入室内完成,减轻外业调绘的劳动强度,提高调绘的工效。

(二)全野外调绘法

全野外调绘法是持调查底图直接到实地，将影像所反映的地类信息与实地状况一一对照、识别，将各种地类的位置、界线用规定的线划、符号在调查底图上标绘出来，将地物属性标注在调查底图或填写在《土地利用现状调查记录手簿》上，最终获得能够反映调查区域内土地利用状况的原始调查图件和资料，作为内业数据库建设的依据。这种调绘方法的主要作业都是在外业实地进行，因此称为全野外调绘法。

以上两种调绘方法各有优、缺点，前者内外业结合，充分发挥内业优势，精度高、节省时间且工作强度较低，适合影像现势性强、分辨率高、具有影像解译能力和一定调查经验的人员使用；后者调绘工作一次性全部完成，精度高但用时较长，且工作强度较大，适合影像分辨率较低、影像现势性不强、影像解译能力较差和调查经验不足的人员使用。在具体实际调查中，两种调绘方法可单独使用也可结合使用。但要再次强调的是，采用前者时，对内业解译所确认的内容也必须到实地核实确认。

(三)界线调绘精度要求

调绘的权属界线、地类界线精度，与影像对比，标绘的各种明显界线移位不得大于图上 0.3 mm；不明显界线移位不得大于图上 1.0 mm。

当影像反映的界线与实地一致时，标绘的界线应严格与影像反映的该界线一致(重合)，精度要求不得移位大于图上 0.3 mm，否则应重新标绘。当调查底图为航空摄影影像、高分辨率航天遥感影像时，一般均能达到要求，中分辨率航天遥感影像，只要认真调绘也能达到要求；当影像反映的界线与实地不一致，如影像界线与调查界线不一致(与线状地物并行的两侧行树、道沟、沟渠、其他地类等是否单独调查或与线状地物调绘在一起等)、影像不清晰、不同地类分界线不明显(如有林地与疏林地界线等)时，界线必须依据实地情况或综合判读标绘，判读标绘的界线相对于实地确定的界线精度要求移位不得大于图上 10 mm。

三、调查的程序和步骤

土地利用现状调查主要分为准备、底图制作、影像解译、外业调查、内业工作、成果检查验收和核查等阶段。

(一)准备

调查准备工作包括技术准备、人员准备、资料准备和仪器设备准备等。人员准备主要包括调查队伍的确定、人员的培训；技术准备主要包括制定方案、标准、规范和细则等；资料准备主要包括收集基础地理资料、遥感资料、界线资料、权属资料、基本农田资料、已有的土地调查资料及土地管理有关资料等；仪器设备准备主要包括全站仪、GPS 接收机、钢尺、计算机等的准备。

调查准备工作做得越细致、越周到、越充分，调查的质量和效率就越高；反之，未准备充分就开展调查，一是效率低，二是可能增加返工和重复工作。

(二)底图制作

以标准图幅结合表为基础制作县级行政区的面积控制图,作为地类调查的面积控制;以遥感影像或航空摄影像以及地形图为基础制作正射影像图,作为地类调查的工作底图。

(三)影像解译

参照已有的资料,在影像图上解译地类图斑界线、判断地类以及线状地物,作为外业调查的工作底图。

(四)外业调查

外业调查的主要工作是在确定的行政区域界线、土地权属界线范围内,根据实地地物的影像特征,经实地核实确认,将地类、界线、权属以及必要的注记等调绘、标绘、标注在调查底图上或《土地利用现状调查记录手簿》上。对于影像上未反映的,采用测绘技术方法,将新增地物补测到调查底图上,或使用GPS等仪器采集新增地物主要界址点坐标,并输入数据库,直接补测在土地利用现状图上。

(五)内业工作

内业阶段主要有三方面的工作:一是整理外业调查成果,形成原始调查图件和资料;二是依据原始调查图件和资料,建设农村土地调查数据库,汇总输出土地利用图件和土地统计表;三是编写调查报告,总结经验,提出合理利用土地资源的建议等。

(六)成果检查验收和核查

调查成果的检查验收是保证调查数据真实、可靠的主要手段之一。依据土地调查成果检查验收办法,对县级调查成果进行自检、预检和验收后,再组织全面核查。

第二节　底 图 制 作

一、界线及面积控制

地块面积计算是土地利用现状调查的重要内容,行政区界线和标准图幅面积是保证地块面积计算准确性和精确性的重要基础。

(一)行政区域界线及行政区域勘界

行政区域界线是指国务院或者省、自治区、直辖市人民政府批准的行政区域毗邻的各有关人民政府行使行政区域管辖权的分界线,包括省级、地级、县级、乡级等4级界线。

行政区域界线是国家实施有效行政管理必不可少的依据。全面勘定行政区域界线,对于从根本上解决边界争议、维护社会稳定、促进经济发展,具有重要意义。行政区域界线不清,不仅导致边界纠纷迭起,使资源遭受破坏,造成人员伤亡和财产损失,严重地影响社会安定、经济发展，而且阻碍各种政令、法律的畅通和贯彻执行。

民政部门行政勘界形成的成果主要有勘界过程中形成的具有法律效力的各级行政区域界线协议书及附图、界桩成果表、界桩登记表、界桩照片和文字记录等。

(二)沿海滩涂界线和海岛资料

沿海滩涂界线一般都采用海域测绘主管部门的海洋基础测绘资料确定的界线。

海岛是指四面环水在大潮平均高潮时露出水面的陆地。因围海造地、修建港口、筑坝、建堤(修桥除外)等原因而与大陆相连的海岛将视为大陆的一部分，不作为海岛调查。应向海域测绘主管部门收集海岛的名称、位置、面积等资料。

(三)各级界线在调查中的应用

各级界线包括国界线、陆海分界线和各级行政区域界线。对收集的界线，不得擅自修改，但应进行复核，当发现问题时，应及时报提供界线的部门处理。

(四)标准分幅界线图制作及辖区控制面积的确定

1. 行政区域界线标准分幅矢量界线图制作

依据民政部门行政区域勘界图件，界线为矢量数据的可以直接利用，为纸介质的，通过扫描矢量化和接边处理变为矢量数据。按照调查比例尺要求，将矢量数据叠加到标准分幅图上，矢量数据坐标系与土地调查不一致的应首先进行坐标转换，建立标准分幅行政界线层数据(包括线层和面层两种)，作为调查范围的控制界线。

2. 计算图幅内控制面积

以标准分幅图为单位，以图幅理论面积为控制，对标准分幅的矢量界线数据按椭球面积计算公式，计算图幅内各方控制面积，使图幅内各方控制面积之和等于图幅理论面积，并将计算的各方控制面积保存在标准分幅行政界线层数据中，作为图幅中各行政区域的控制面积，由此得到各行政区域界线所在图幅的破幅控制面积。

3. 计算调查区域控制面积

以行政区域界线为控制依据，制作图幅理论面积与控制面积接合图表(简称接合图表)。根据接合图表分别计算本行政区域的破幅控制面积之和，及整幅图理论面积之和，二者之和即为该调查区域控制面积。下级行政区域控制面积之和等于上级行政区域控制面积。

接合图表可依据确定的界线、破幅控制面积、图幅理论面积制作，通过接合图表计算本行政区域的控制面积。接合图表的制作要求包括以下几方面：

(1)按照调查比例尺编制。

(2)国家级接合图表以省级为基本单位编制，省级接合图表以县级为基本单位编制。

(3)境界线用相应符号表示。

(4)本表主要内容包括经纬度、图幅编号、图幅理论面积、界内外控制面积、界内横向累加值、界内总面积(合计)。

(5)界内纵向累加值之和与横向累加值之和必须相等,并为界内总面积(合计)。

(6)不同比例尺图接边时,大比例尺控制面积不变(视为“真值”),小比例尺图控制面积等于该图幅理论面积减去大比例尺图控制面积。

(7)在破图幅中,行政界线内外控制面积之和必须等于该图幅的图幅理论面积。

(五)界线数据的应用

行政区域所涉及的标准分幅界线数据文件(含分幅控制面积)和辖区控制面积,作为农村土地调查各级调查区域控制界线和控制面积。

具体调查时,将提供的标准分幅界线层数据与数字正射影像图套合制作调查底图,开展本行政辖区内的土地调查。

二、数字正射影像图制作

土地利用现状调查大部分地区以高分辨率遥感 DOM 图像为调查用图,为此,土地调查外业工作开始前,需要制作数字正射影像图。

(一)基础地形图

1:10 000 地形图是土地调查工作中最重要的基础图件之一,土地利用现状调查中主要用于卫星图像正射纠正中寻找地面控制点及建立 1:10 000 DEM。

1. 制作 1:10 000 地形图 DRG

随着计算机技术及信息技术的迅速发展,土地利用详查的全手工操作将被 3S 新技术全面代替,今后的农村土地调查数据将采用计算机处理,数据全程电子化。纸质 1:10 000 地形图首先处理为 DRG(Digital Raster Graphic),即数字栅格地图。DRG 生产流程如图 3-1 所示。

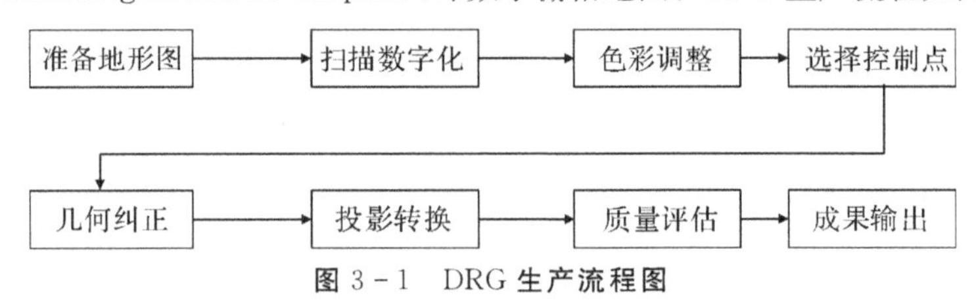

图 3-1　DRG 生产流程图

2. 成果及精度要求

为保证生产高精度 DRG 数据产品,采用扫描分辨率为 300 dpi 的,逐公里网格法进行纠正,重采样方式为最近邻点法,误差不大于 10 m。没有公里网格的地形图先根据图框公里标划出公里网格。根据实际情况,做二值图扫描,不进行色彩调整。投影转换为 1980 年西安坐标系,加注 1980 年西安坐标系图幅编号,在图廓内以十字形标 1980 年西安坐标系公里网格点。文件名采用 1980 年西安坐标系图幅编号。

3. 质量控制

原始图纸质量将直接影响地形图 DRG 质量，采用全新的 1∶10 000 地形图，无污染，无褶皱，保证平整；扫描图纸时尽量置平，抽样打印扫描图，检查扫描质量，或在软件中用测距法检查扫描畸变；TIF 图像在 GIS 软件中重新配准时严格遵守精度要求。

(二)数字影像图的正射纠正

以 SPOT 遥感影像为例制作 1∶10 000 遥感 DOM 图像技术流程，如图 3－2 所示。

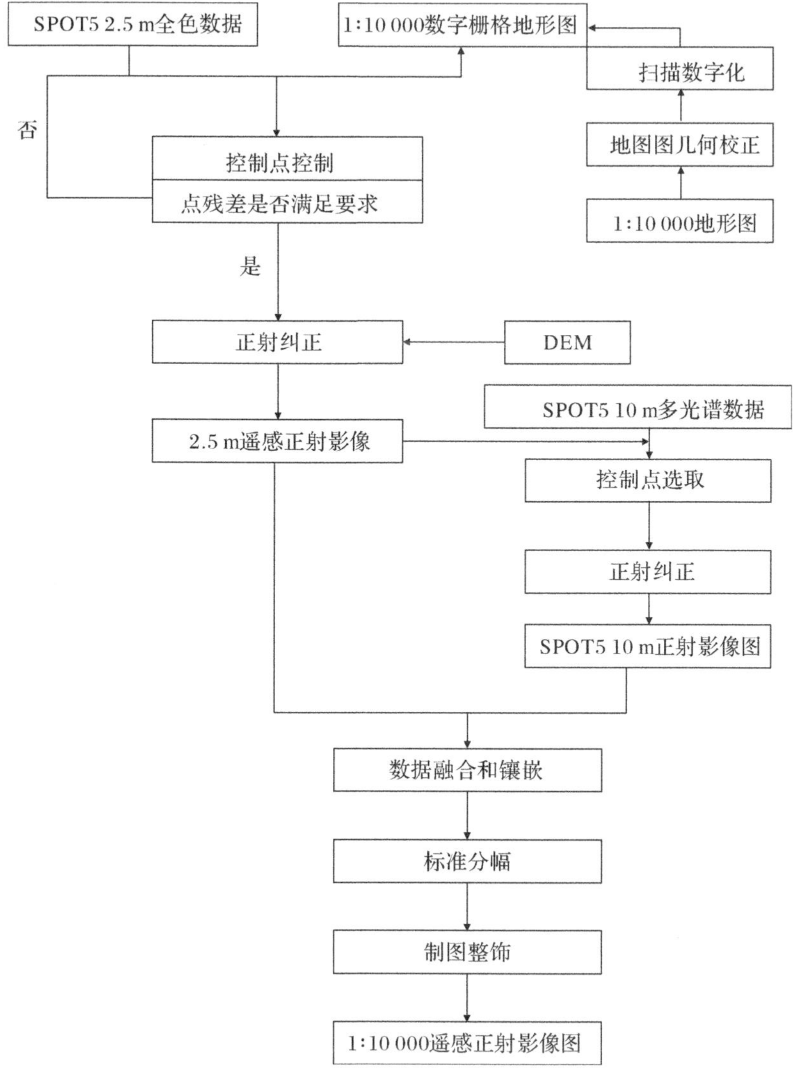

图 3－2　以 SPOT 遥感影像为例制作遥感正射影像图的流程

1. DEM 数据处理

为了保证精度，对遥感影像正射纠正必须采用 DEM 数据。当 1∶50 000 DEM 数据精度不够时，可以1∶10 000地形图计曲线为主建立1∶10 000 DEM，用于遥感影像正射纠正。DEM为1980西安坐标系，按行政辖区将数幅DEM拼接成一个文件。

2.遥感影像处理

遥感影像处理主要包括影像的正射纠正、配准、融合、镶嵌等内容，以SPOT5全色影像为例说明。

(1)控制点选择。采用以1∶10 000地形图DRG为参考选取控制点。控制点选择极大地影响纠正精度，要求控制点控制影像四周均匀分布，控制点尽可能选在固定的地物交叉点，如公路交叉点。选择控制点时应注意地形图与现地的差异。控制点数每幅1∶10 000地形图控制点N1个。

(2)影像纠正。根据控制点与DEM数据建立纠正模型，先对2.5 m分辨率SPOT5全色影像进行正射纠正。纠正精度W1个像元。然后以2.5 m正射影像数据为基准，将10 m多光谱数据与之配准。要求盆地地区匹配精度不超过0.5个像元，山区不超过1个像元。必要时分块配准。

(3)影像融合。将10 m分辨率的多光谱数据与2.5 m高分辨率全色影像融合，对遥感信息提取起到了重要作用，得到的信息和清晰度显著提高。根据不同的数据组合选择试验多种融合方法。融合后影像视觉上不能出现重影现象，否则重新纠正配准。影像融合后，试验各种增强处理，突出盆地平坦区信息。

(4)制作标准1∶10 000图幅影像图。对融合影像按照1∶10 000标准图幅分幅，为保证相邻图幅之间接边，切割范围往外扩50个像元。在图像内以十字形标1980年西安坐标系公里网格点。在图像上加上图框及相应注记，同时标注1980年西安坐标系图幅号，形成1∶10 000 SPOT5遥感影像DOM，也可选择叠加1∶10 000地形图。

(5)文件格式。遥感正射影像以两种方式保存，即全景方式和分幅方式。文件为TIF图像格式或处理软件的格式。

第三节　影像解译

一、参考资料准备

为了提高影像解译和土地调查的效率和精度，解译前需要收集的有关资料主要包括地类和已有土地利用现状调查成果等方面的资料，还要对某些资料进行预处理。数据预处理主要涉及：调查用基础图件的处理，包括现有的1∶10 000土地利用现状图、规划图、农村集体土地权属分幅图及其他有关图件；其他有关资料数据的整理，如年度土地变更调查数据整理、乡镇村编码调整等。它们是遥感影像解译的重要参考资料。以上数据经处理后最终都要反映到调查底图(即遥感正射影像图)上。

(一)地类调查方面的资料收集

依据国家统一的土地利用现状分类标准对地类进行认定，是土地调查的重要内容。土地利用现状分类标准是在满足国土资源统一管理需要，农、林、水、交通、建设等相关部门管理需要，并尽可能与其相关标准衔接，以及与国际惯例保持一致的基础上制定的。因此，在实地进行地类认定时，不但要看现状，还要定性，如同样的道路，是确认为公路还是农村道路，需要其他资料作旁证。根据以往的调查情况，在调查前，县级国土资源管理部门应收集或配合调查人员收集下列有关资料。

1. 公路资料

随着经济的发展，农村道路修建的规格越来越高（发达地区更是如此），从外观看，其与公路很难区分，但与公路的权属性质完全不同（一般农村道路为集体所有，公路为国家所有）。为了将公路用地认定准确，调查前应向当地交通主管部门咨询，收集本调查区域公路的名称、位置、权属等方面的图件和文字等资料，根据这些资料，结合实地现状再开展调查，避免调查结果与主管部门掌握的不一致。

2. 河流资料

收集水利部制定的《中国河流名称代码》（中华人民共和国行业标准，目前最新版本是1999 年 12 月 28 日颁布的），对较大河流，应参照该标准的名称确认；对《中国河流名称代码》未列出的较小河流，应向当地水利主管部门咨询，收集相关资料。同时收集流经本调查区域河流的管理范围及依据，根据这些资料，结合实地现状开展调查，确定本调查区域河流的名称、位置、范围等。

3. 湖泊资料

收集水利部制定的《中国湖泊名称代码》（中华人民共和国行业标准，目前最新版本是1998 年 11 月 2 日颁布的），对大于 1 km^2 湖泊，应参照该标准的名称、位置等确认；对《中国湖泊名称代码》未列出的小于 1 km^2 湖泊，应向当地水利主管部门咨询，收集相关资料，根据这些资料，结合实地现状开展调查，确定本调查区域湖泊的位置、名称、范围等。

4. 水库资料

收集水利部制定的《中国水库名称代码》（中华人民共和国行业标准，目前最新版本是2001 年 1 月 20 日颁布的），参照该标准，结合实地现状开展调查，对水库的名称、位置、范围进行确认。

5. 各种界线资料

界线资料包括国界线资料、沿海海涂界线（含海岛滩涂界线）资料、民政部门的行政区域勘界资料。其中，国界线资料、沿海海涂界线（含海岛滩涂界线）资料、省级行政区域勘界资料由全国土地调查办公室收集和提供使用，各地在使用提供界线时发现的问题，应及时报全国土地调查办公室处理。县级行政区域勘界资料，由省级土地调查办公室收集和提供使用，各地在使用提供界线时发现的问题，应及时报省级土地调查办公室处理。乡镇级行政界线由县级土地调查办公室确定。

（1）土地开发、复垦、整理、生态退耕的设计、验收的图件、文字等资料。

(2)以往调查形成的土地利用数据库、土地利用图、调查手簿、田坎系数测算原始资料、城镇地籍调查图件等资料。

(3)根据本调查区域需要收集与调查要求有关的其他资料,如农业结构调整,土地承包,新建的水库、机场、港口、铁路、公路、住宅区、高尔夫球场、休闲度假村等大型建设用地的审批文件、设计图、竣工图等资料。

(二)土地利用数据图件准备

土地利用现状调查是在土地详查及历年变更调查基础上的延续。由于采用新技术、新规程、新分类,因此必须充分利用原有的数据资料,做到图件、数据的平稳过渡。

1. 图件资料现状

20 世纪 80 年代开始的第一次全国土地利用现状调查,基本上采用全手工操作调绘制图,成果图件为聚酯薄膜图或透明纸图,由于转绘、清绘等原因,该图件存在一定的几何误差。

2. 土地利用现状图、规划图预处理

土地利用调查、土地利用规划等工作都建立在已有土地利用现状数据基础上,要充分利用这些数据,实现数据共享,必须有准确的坐标,将所有数据图件转换到统一的坐标系。

(1)数据分层。数据分为行政权属界线、图斑界线、河流水系、交通路网、有关规划界线、注记等 6 层。

(2)几何纠正。若土地利用现状图与地形图配准情况良好,则采用平移的方式处理,对部分畸变较大的土地利用现状图进行几何纠正。控制点从 1∶10 000 地形图 DRG 数据选择,一般选在土地利用现状图、地形图上都比较明显的特征点,如公路交叉点、堤坝中心、沟渠交点。

(3)投影转换。原有的数据图为 1954 年北京坐标系,需转换为 1980 年西安坐标系。

3. 制作各区行政分布、分幅示意图

为以后处理查找方便,根据现有资料,制作行政区域分布、分幅示意图,同时标注 1980 年西安坐标系、1954 年北京坐标系 1∶10 000 地形图图幅编号、区界、乡镇界、乡镇名等内容。

(三)资料整理

资料整理是土地利用现状调查正式开展前的一项重要工作,它包括县级行政区内乡镇村编码调整、有关图件整理等工作。

1. 各区乡镇村编码

乡镇、行政村名采用民政局地名办公室的正式资料。乡镇码设为 3 位,第一位为 0、1 或 2,0 为街道,1 为镇,2 为乡,后两位为乡镇顺序号。农林场按乡镇编码。行政村码为 3 位,为乡镇内行政村顺序号,不足位数时在前加零补足 3 位。

2. 相关图件整理

检查行政区划是否为最新资料，是否完整，保证境界现势性。打印各乡镇土地利用现状图，在图上标出各行政村名及相应新编码，用色笔标绘不同级别的行政、权属界线，画出大致的 1∶10 000 图幅接边，注上 1954 年北京坐标系及 1980 年西安坐标系的图幅编号。

二、解译标志建立

土地利用现状调查中，无论是采用全野外调绘法还是综合调绘法，掌握不同影像信息所反映的实地具体地类（地物），对提高调查质量和调查效率是十分重要的，也是调查人员应具备的基本技能。

（一）解译的概念

解译（也称为判读、判译、预判、判绘等），是指运用解译标志和实践经验，对影像进行识别，从而获取实地信息的过程。土地利用现状调查中，依据《土地利用现状分类》标准，也可参照以往调查的土地利用图件成果、土地利用数据库、相关部门资料（如交通部门的公路分布，水利部门的河流分布、湖泊分布资料）等，在内业可将解译出来的地类名称、界线、相关属性等信息预先标绘在调查底图上，再到实地逐一核实、修改、补充调绘，最后确认。其目的是提高调查的工作效率和节省调查时间，这是目前调查中常用的调查方法。但是，从事影像解译的人员要具备三个条件：一是要具备遥感影像知识；二是要具有一定的实践经验；三是要对不同地区（如南方、北方，东部、西部，平原、丘陵、山区等）的土地利用特点有一定的了解。调查中对影像是否预先进行解译以及解译的详细程度，应根据自身情况确定。根据影像特征的差异可以识别和区分不同的地物，这些典型的影像特征称为影像解译标志。解译标志的建立是解译的前提。解译标志分为直接解译标志和间接解译标志。在影像上可直接看到的影像特征称为直接解译标志，包括影像的几何形状、大小、色彩、色调、阴影、反差、位置和相互关系等。在直接解译基础上，需要经过分析、判别才能识别、推断其性质的影像特征称为间接解译标志，如解译水系，看其位置、形状、大小等可推断是河流还是沟渠等。

（二）直接解译标志

1. 影像的色调与色彩特征

由于地面物体呈现出各种不同的自然颜色，色调就是地面物体颜色反映在黑白影像上的不同的黑度层次、在彩色影像上的不同颜色（如红、绿、蓝、黄等）。色彩就是地物在彩色影像上以不同的色相（即各类色彩的称谓，如大红、深蓝、柠檬黄等，色相由原色、间色和复色构成）和色阶（亮度强弱）的表现。色调、色彩是识别地物的主要标志，没有色调、色彩的差别，地物的形态差别就显示不出来。

由影像的色调、色彩所构成的地物的影像特征，是解译常用而又重要的解译标志。不同的地类在影像上会呈现出深浅不同的色调和色彩，影像的色调和色彩取决于物体的颜色、亮度、含水量等。一般情况下，真彩色影像的颜色大致与地物颜色相同或相似，如水体为深蓝色或黑色，植被为绿色，居民点为灰色或深灰色等；黑白影像中一般地物颜色的深浅与影像的深浅一致，如水面颜色在实地和影像上均较深，山脊两侧的山坡向阳面颜色淡，背阳面颜色深。不论彩色影像还是黑白影像，地物的亮度愈高影像愈浅，如水泥地面亮度较高，反映在影像上颜色较浅；水面遇到阳光直射时，亮度高，反映在影像上，水的颜色呈白色。含水量愈多影像愈深，如浇过水的耕地比没浇过水的耕地颜色深，成熟的庄稼比未成熟庄稼颜色浅。由于人眼分辨色彩的能力比分辨黑白影像的能力高得多，因此采用彩色影像调绘比黑白影像调绘具有易识别地类的优势。

2. 影像的形状特征

影像的形状是指地物在调查底图上表现出来的外部形态、结构和轮廓。一般来说，地物顶部形状与其在调查底图上的影像是相同的或是相似的，从地物的外形就可识别其影像。人工地物通常呈现出较规则的几何形状，如房屋、平原上的水田、人工修建的渠道等；自然地物多呈不规则形状，如坑塘、山区中的耕地、河流等。借助地物的形状特征就可解译出不同的地类。地物的形状特征与影像比例尺、影像分辨率密切相关。比例尺越大、分辨率越高，地物细节显示越清楚，反之则模糊，甚至显示不出来。

地物影像的形状特征可分为：点状，如树木、山顶、墙角、地物的交叉点等；线状，如铁路、公路、农村道路、河流、沟渠等；面状，如地块、山坡、湖泊、水库等。复杂地物也是由点、线、面组合而成。掌握了地物在影像上的形状特征，就能充分发挥影像的作用，提高调查效率和质量。

3. 影像的大小特征

调查底图上的影像除去形状特征外，还有大小（尺寸）之分。在同一调查底图上，根据地物影像的形状及其大小，可以较准确地识别出不同的地类，如：厂房和住宅，其影像色调、形状没有明显区别，这时主要从大小来区分，面积较大的为厂房，面积较小的为住宅；农村道路与公路，一般较大的是公路，较小的是农村道路。

依据影像的大小识别地物，除在影像上比较大小识别地类外，还要依据调查底图比例尺，掌握地物大小与影像大小的比例关系，如调查底图比例尺为 1∶10 000，这时图上 1 mm 相当于实地 100 m。掌握实地地物与影像大小比例关系有助于识别地物，例如一居民点的实地面积与影像面积明显不一致，这时有两种可能，一是影像反映的居民点不是该居民点，二是实地居民点已发生变化。

4. 阴影特征

阴影主要反映在航片上。突出地面的物体都会有阴影，阴影色调一般为黑色，且方向都是一致的。阴影又分为本影和落影。

本影是指物体未被阳光直射的部分在航片上的影像，即物体本身的阴影。如山的阴坡、人字屋顶的被阴坡、树冠的背阴那面等都是它们的本影。本影有助于获得物体的立体感。山体的阳坡明亮、阴坡较暗，其明暗分界线为山脊线或山谷线。

落影是指地物投落在地面的影子在航片上的影像，即物体投落的阴影。落影可以识别地物侧面的轮廓（形状）。

由此可见,阴影对突出地面物体的解译很有帮助。但是由于阴影的存在也产生了对解译不利的因素,如高大建筑物有时会遮盖小的地物,山的阴坡可能会误认为有植被覆盖等。因此,解译有阴影的地物时,一是要仔细分析解译,二是要到实地确认,以保证调绘的准确和精度。

(三)相互位置关系特征

地面物体之间是相互联系的,其反映在影像上也就会存在着一定的相互关系,这种关系也是解译地类的一个重要标志。根据实地物体之间的相关关系,通过对影像分析判别,解译那些影像不清晰的地物。如:根据有农村居民点必有道路通达的关系,可解译出影像不清晰的小路;根据单个的厂房面积大宅基地面积小的关系,可解译出哪些是工矿企业、哪些是农村居民点等。

对影像具体解译时,不能仅凭一种影像特征去解译,要综合考虑,对影像特征加以分析,才能准确地确定影像所代表的地类。

(四)地类解译标志

根据以上影像的色彩与色调、地物的几何特征、阴影、相互关系等解译特征,就可以建立土地利用现状调查地类的解译标志。《土地利用现状分类》(GB/T 2010—2017)采用一、二级分类,其中一级类 12 个,二级类 57 个。由于 57 个二级类之间存在的相似性,如水浇地与旱地、园地与林地、草地与耕地等,即使建立了解译标志,在内业有时也很难根据影像认定准确,还必须到实地调查认定。因此,建立了地类解译标志也不是万能的。但是,对一些主要地类、差异较大地类建立解译标志,对充分利用影像判别地类、提高调查效率还是有很大帮助的。下面给出主要土地利用地类的解译标志,供调查时参考。

1. 耕地

平坦的农田有明显的几何形状、面积较大,有道路与居民点相连,色调随土壤、湿度、农作物种类及生长季节不同而变化。一般湿度大的色调较暗,干燥的较浅;生长着农作物的较暗,作物成熟的较浅;农田灌溉时较暗,不灌溉时较浅。沟谷中的农田呈不规则状,大部分呈窄而长的条状。梯田呈阶梯状。水田一般田块分割小而整齐,地面平整,周围筑有田埂,影像色调一般较均匀,呈深灰色,比旱地深。水田在平原地区形状多为格网状,在山区形状不规则。

水田与水浇地、旱地一般较易区别,水浇地与旱地一般不易区别,但山区耕地大部分为旱地。

2. 园地

园地种植的果树在影像上一般呈颗粒状,排列整齐、色调较深,一般较易判别,这也是与林地的重要区别。

3. 林地

森林在影像上一般为界线轮廓较明显、色调呈暗色,主要分布在山上的颗粒状图案,较容易判别。

4. 草地

草地在影像上一般呈均匀的灰色或深灰色，纹理光滑细腻，形状不规则。在牧区草地较易判别，但人工牧草地与天然牧草地不易判别。

5. 居民地

居民地在影像上为由若干小的矩形(屋顶形状)紧密相连在一起的成片图形。由于阴影的存在，居民地更易判别。居民地色调一般呈灰或灰白色。

城市居民地一般面积大，街道比较规则，常有林荫大道、公园、广场等；城镇居民地一般分布在公路、铁路沿线，房屋多而密集；农村居民地一般与农田联系在一起，有道路相连。

6. 道路

道路指铁路、公路、农村道路。道路在影像上呈细而长的条状。色调由白到黑，随路面的湿度和光滑程度不同而变化。一般路面湿度小或光滑则色调浅，反之色调暗。

铁路一般呈浅灰色或灰色的线状图形，转弯处圆滑或为弧形，且一般与其他道路直角相交；公路一般为白色或浅灰色的带状，山区公路常有迂回曲折的形状，公路两侧一般有树和道沟，呈较暗的线条；土路一般呈浅灰色的线条，边缘不太清晰；小路呈曲折的细线条状，且为浅灰色。

7. 水域

水的色调是由白到黑，色调的深浅与水的深浅、浑浊程度、光照条件等有关。水深则色调深，水浅则色调浅；水越浑浊则色调越深，反之越浅；光照越强则色调越浅，反之越深。河流在影像上一般较宽并呈弯曲带状，色调由白到黑；小溪呈弯曲不规则的细线条，色调较深，常被岸上树木、灌木掩盖；湖泊和坑塘的水面色调呈均匀的浅黑色或灰色，且面积大小相差甚大；沟渠为色调呈深色的线状影像，灌渠的一端总与水源相连，排水渠的一端总与河流相通。

三、影像解译的实施

影像解译类似于栅格地图的矢量化，其中最主要的工作是地类的判读区划。影像解译的成果就是外业调绘的工作底图，即调绘底图。

(一)地类判读区划遵循的一些原则

1. 交通、水系等线状地物

(1)按图像特征数字化原有的或明显增加的交通、水系、沟渠等线状地物，大于或等于 20 m 宽度的线状地物作图斑处理，数字化两边边缘。

(2)铁路、高速公路图斑包括两边的控制带，如路边水沟或山体护坡，但不包括两边绿化带。

(3)小于 20 m 宽的线状地物沿中心线数字化。线型、色彩等按土地利用调查图式。

(4)当两条或多条线状地物平行时，不作为地类图斑界线的次要地物往同方向偏移 0.2 mm

表示。主次顺序为河流、铁路、高速公路、国道、省道、县级公路、管道、渠道、农村道路、沟渠、林带。

(5)城市、建制镇内勾绘主要街道。街道范围为主道及两边的自行车道,不包括高于路面的人行道或绿化带。

2. 地类图斑

土地利用图斑区划是土地利用现状调查的基础,决定整个调查工作的质量,对今后的土地管理工作将产生重要影响。因此,土地利用图斑区划必须明确,位置必须准确,严格按规定的分类系统分类。

(1)土地利用现状调查尽量保持土地利用图斑的延续性,无特殊情况,仍依照原土地利用图斑界线;如原图斑划分比较小,在同权属、同地类时可适当合并图斑。地形、地貌、地物发生较大变化时应改变原来图斑区划,如土地整理区、新建公路两侧、工业园区;地类图斑严格按分类系统进行区划和登记,不得出现非规范地类名称。

(2)几种界线重合时,要采用同一条线,采取拷贝复制方式,如为图斑界线的境界、权属界、公路、河流、沟渠等应在数字化时从相应的数据层拷贝。

(3)土地利用现状调查区划图斑的上图最小面积:建设用地为 4 mm^2;农用地中的耕地、园地为 6 mm^2;农用地中的林地、牧草地、其他农用地和未利用地为 15 mm^2,不能上图的零星地物在外业调绘时确定。

(4)城镇范围根据建成区及虽未建成但已平整土地,耕作层被彻底破坏的外围线划定。市区各街道街坊划为城市,不再打开细分。

(5)农村居民点范围根据居民点边缘线,结合线状地物、居民点与农田的接边线等因素划定。明显的宅基地、小块晒谷场、零星竹林等划入居民点。

(6)穿过居民点的河流、铁路、公路、管道、渠道必须勾绘,并在内业时计算面积。当宽度大于 20 m 时将居民点区划成几块。

(7)大于 4 行的农田防护林、护堤林、护岸林、护路绿色长廊区划为林地。

(8)虽为抛荒,但排灌系统完整的土地,仍划为耕地。

(9)一些为修建道路以及道路改建后的弃用地块,归入裸土地。

(10)池塘以坎边为界线,水库、湖泊以最高水位为界线,河流以常年水位为界线。

(11)原为耕地,现为苗圃、果园或林地等地类,未破坏耕作层,在相应现状地类代号后加 K。

(12)每块图斑必须独立、封闭,及时标注地类号,当难以确定地类时,暂标为 0,外业调查时再确认处理。

(13)按规划、用地部门数据图件将农转用、标准农田界线等依据明显地物点进行数字化。

(二)调绘底图处理

1. 调绘底图

调绘底图指根据土地利用现状详查资料、历年变更调查资料及最新遥感图像在室内判读区划土地利用现状,并将其线划图和有关注记叠加在1∶10 000遥感DOM上,输出用于外业调绘的图件。线划图、图斑注记的线型及颜色按《土地利用现状调查技术规程》中的规定调绘底图清绘图式。

2. 基础培训

调绘底图的技术路线采用了3S新技术,将最大限度地减少外业工作量,提高数据成果质量。调绘底图预处理直接影响土地利用现状调查成果质量和工作进度。内业地类判读区划前,必须对预处理人员进行必要的培训,掌握行政区划内各种地类分布区域、规律以及在遥感DOM上的色彩、纹理等判读标志。

3. 处理方法

在内业解译软件中,将1∶10 000 DOM重新配准,以便进行内业图像解译。配准控制点选择公里网格点,控制点数大于等于9个,配准中误差小于1 m。

虽然可采用平移或控制点法几何纠正,土地利用现状数字图几何精度仍远远低于遥感DOM,图与影像不能完全吻合。因此,要做到土地利用现状调查成果资料图、数、实地三者相一致,必须对所有界线重新矢量化。根据计算机软硬件设备、技术人员以及工作进展状况,可采用直接屏幕数字化或覆盖透明薄膜区划后再扫描数字化两种方式。屏幕直接数字化应将图像放大至1∶5 000左右。扫描矢量化每个标准图幅至少设置9个控制点,且均匀分布,以遥感图像为准与之配准,不得擅自改动正射影像图。配准后明显地物小于0.3 mm,超出0.3 mm的线划应采用影像修正位置。

4. 数据分层及处理次序

考虑土地利用现状图、规划图数据现状以及后续建库的需要,新建7个数据层,即行政权属界线、地类界线、交通、水系、规划界线、其他线状地物、注记。线划图处理应遵循一定处理次序,依次为境界、权属界、河流水系、交通、图斑界线、其他界线、规划界线、注记。

数据文件命名为11位:图幅号(9位)+数据层名拼音缩写(2位)。7个数据层拼音缩写依次为JJ/DL/JT/SX/GH/QT/ZJ。也可在数据文件中建立属性表,以一个数据项进行数据分层,数据文件即为9位图幅号。为避免数据覆盖,每个作业员完成各自处理图幅的所有工作。作业员应将数据文件及时保存并备档,避免因误操作、计算机病毒或计算机软硬件故障等造成数据丢失。

5. 图幅接边

调查底图按标准图幅处理,应对图幅进行接边。可在图幅开始处理前拷入已处理完图幅的接边点,也可在处理完后进行全面接边处理。航片、卫片判读按以航片为准的原则进行接边处理。

调查底图图幅接边是排除内业解译问题的有效措施,只有经过图幅接边的调查底图,才能打印输出进行外业调查。图幅接边工作的主要内容和注意事项如下：

(1)行政界线、权属界线、地类界线是否闭合；

(2)行政单位注释、权属单位注释、地类图斑注释是否一致；

(3)图幅接边是否符合规程要求；

(4)同一线状地物在相邻图幅上是否都已解译；

(5)同一线状地物在相邻图幅上，内业量取的宽度和确定的土地利用类型、权属单位是否一致。

6. 注记处理

完成调查底图线划后，处理各种注记，包括图斑注记、乡镇名、行政村名、主要公路名、河流名等。图斑按村编号，从上到下，从左到右，写成分子、分母形式，分子为图斑编号，分母为地类号。如图斑过小，容纳不了注记，可用引线引注在图斑外侧。记录每个行政村图斑个数及最大图斑号。图斑允许跳号，不许重号。各种符号注记图式见《土地利用现状调查技术规程》图式。

7. 调查底图检查

乡镇土管员应参与调查底图处理，特别是调查底图完成后，逐幅逐村仔细检查，及时修改错误或误差，尽可能提高调查底图质量，减少外业作业时间。

8. 打印输出

将线划图套合到遥感 DOM 上，分幅打印调绘底图，一份用相纸打印并覆膜，用于外业实地调绘对照，一份打印在普通纸上，用于外业调绘时记载修正结果。

第四节　外业调查

一、外业调查的内容和原则

(一)外业调绘基本内容

土地利用现状调查主要是地类调查，但也包括城市或城镇建成区以外的集体土地所有权和国有土地使用权的调查，外业调绘主要是行政界线和权属界线的调查。外业地类调查包括线状地物、图斑、零星地物和地物补测等内容。外业调绘的具体任务如下：

(1)进一步确定内业解译时用文字或符号标示在调查底图上，需要在野外进一步核实和确定的地类界线与图斑类型；

(2)丈量线状地物的宽度；

(3)补测新增的地物；

(4)调查果园具体的果实种类。

(二)外业调绘基本原则

(1)采用调查底图进行全野外调绘、核实,严格做到“走到、看清、问明、记全和画准”。

(2)外业调绘中,由熟悉土地利用现状地类分布的土管员、技术人员及有关指认界人员组成外业工作小组,至少组织一个检查小组。

(3)以影像为准,明显影像部位的调绘线划偏移量图面不得大于0.2 mm,困难地区或不明显影像部位调绘线划偏移量图面不得大于0.5 mm。

(4)修改的调绘线划必须准确,线型、注记准确无误,清晰易读。

(5)调绘表必须记载准确、规范、清晰明了,不得遗漏缺项。严格按规范分类,不得出现非规范地类名。地理名称除已变更外,以地名普查委员会公布的地名为准。记载错误不得涂改,应用铅笔划去,在旁边写上正确的数据或文字。

(6)新旧分类中不对应的地类按其最小分类单元调查,调查后填入相应的新分类系统。

(7)调绘底图必须保持完整、清晰,精度符合规范要求。调绘底图的影像、线划、注记等内容不得有缺损、模糊和褪色等影响读图的情况。

(8)调绘、核实内容及时全面整理,及时数字化进到相应数据层。相邻调绘底图必须接边。

(9)调绘底图(影像线划图、单一线划图)应及时存档。

二、实地调绘基本程序

土地调查中,无论采取综合调绘法还是全野外调绘法,外业实地调查都是土地调查不可忽视的重要阶段。外业调查方法、程序、步骤因人而异,不尽相同,但选择合理的方法、程序、步骤,对保证调查质量、提高调查效率和减轻劳动强度,将发挥重要作用。下面介绍外业调查的基本程序和要求。

1.设计调绘路线

在外业实地核实、调查前,在室内首先要设计好调绘路线。调绘路线以既要少走路又不至于漏掉要调绘的地物为原则,并做到走到、看到、问到、画到(四到)。这里“走到”是关键,只有走到才能看到、看清、看准地物的形状特征、地类、范围界线、与其他地物的关系等,才能依据影像将地类界线标绘在影像的准确位置(画准)。对于影像不清晰、实地发生了变化的地类以及地类的地理名称、双方飞入地、权属性质、隐蔽地区(如林地中有无道路、山沟深处有无耕地等)等都要向向导或当地群众一一询问清楚,这样既不会漏掉该调查的内容,又提高了调查精度和效率。

根据这些调查要求,平坦地区通视良好,调绘路线一般沿居民点外围和主要道路调绘。居民点分布零乱的可采用“放射花形”或“梅花瓣形”为调绘路线,不走重复路。

丘陵山区可沿连接居民点的道路调绘,或沿山沟调绘,同时对两侧山坡上的地类也进行调绘,从山沟进入走到山脊,从山脊再下到另一条山沟形成“之”字形路线。当山坡调绘内容较多时,一般沿半山腰等高线调绘,以便兼顾看到山脊和山沟的地物。河流、铁路、公路等线状地物可沿着线状地物边走边调绘。

2. 确定站立点

为了提高调绘的质量和效率，按计划路线调绘时，要向两侧铺开，尽量扩大调绘范围，这时站立点的选择非常重要。到达调查区域后，首先要确定站立点在图上的位置，站立点一般选择在易判读的明显地物点上，地势要高，视野要广，看得要全，如路的交叉点、河流转弯处、小的山顶、居民点、明显地块处等。确定站立点后，找出一两个实地、影像能对应起来的明显地物点进行定向，使调查底图方向和实地方向一致。

3. 核实、调查

站立点确定后，要抓住地物的特点。核实、调查应采取“远看近判”的方法，即远看可以看清物体的总体情况及相互位置关系，近判可以确定具体物体的准确位置，将地类的界线、范围、属性等调查内容调绘准确。通过“远看近判”相结合，将视野范围内的内业解译内容依据实地现状进行核实。当解译的界线、线状地物、地类名称等与实地一致时，在图上进行标注确认；当不一致时，依据实地现状对解译的界线或线状地物或地类名称等进行修正确认；对未解译的，将视野范围内需调绘的界线、线状地物、地类名称等内容标绘在调查底图准确位置上。同时，将调查内容的属性标注在调查底图上或填写在《土地利用现状调查记录手簿》上。

每完成一个站立点或一天的调绘工作时都要认真检查，没有问题时再进行下一个站立点或第二天的工作，否则要进行修改、补充、完善，甚至返工，以保证每一站立点、每一天调绘内容的准确。

4. 边走边调绘

掌握调查底图比例尺，建立实地地物与影像之间的大小、距离的比例关系，在到达下一站立点途中，可边走、边看、边想、边判、边记、边画，在到达下一站立点后，再进行核实。这里要注意的是，两个站立点之间所标绘的各种界线、线状地物、地类名称、权属性质等调绘内容须衔接，不能产生漏洞。

5. 询问

在调查过程中应向当地群众多询问，一是及时发现隐蔽地类，如林地中被树木遮挡的道路，山顶上的地类，山沟深处有无耕地、居民点等重要地类；二是核实注记地理名称或依据名称寻找实地位置；三是通过询问确定工矿企业及各种调查内容的国有或集体权属性质。为了保证调查的准确，对询问的内容要反复验证。通过询问，既可以发现一些隐蔽的地物，又可以对一些地物的属性进行确认或核实，这也是提高工作效率、保证调查质量的重要手段。

外业作业的关键首先是正确判定站立点，就是判断自己目前所在调查底图上的位置，若站立点判错，则无法工作，或位置偏移；其次是选择补测所依据的明显地物点，若选择合适，不但可以减少工作量，而且能够保证精度。

以上调查的方法、程序、步骤不是机械地分开的，而是有机结合的，视情况灵活掌握，交叉进行，可根据自己的习惯和经验综合应用。

三、线状地物调查及要求

(一)线状地物的认定与要求

1.线状地物的定义

线状地物包括河流、铁路、公路、管道用地、农村道路、林带、沟渠和田坎等。

线状地物宽度大于等于图上 2 mm 的,按图斑调查。线状地物宽度小于图上 2 mm 的,调绘中心线,用单线符号表示,称为单线线状地物(以下未作特殊说明的线状地物均指单线线状地物)。单线线状地物除调查其地类外,还须实地量测宽度,用于线状地物面积计算。宽度量测方法和要求是,在实地线状地物宽度均匀处(一般不要在路口量测)量测宽度,精确到 0.1 m,并在调查底图对应实地位置打点标记量测点及其宽度值。当线状地物宽度变化大于 20%,形成不同宽度的线状地物时,须分别量测线状地物宽度,并在实地变化对应调查底图位置垂直线状地物绘一短实线,分隔宽度不同的线状地物;线状地物与土地权属界线、地类界线重合时,线状地物调绘在准确位置上,其他界线只标绘最高级界线。

线状地物是地类调查的重要内容,它是图斑划分的重要依据。

2.线状地物认定标准

根据《土地利用现状分类》中的主要地类认定,正确认定河流、铁路、公路、管道用地、农村道路、林带、沟渠和田坎等线状地物。线状地物调查包括地类、界线和权属等三个方面,在实际调查中,分为三种情况。

(1)已登记发证的,如铁路、公路、管道用地等,须严格按登记资料确定线状地物的范围界线、地类、权属性质,将线状地物标绘在调查工作底图上或在内业直接标绘在土地利用现状图上。

(2)未登记发证的,首先应对其进行确权,按确权后的线状地物范围界线、地类、权属性质进行调查。

(3)在短期内难以确权的,为了不影响调查的整体进度,可暂时按线状地物用地现状范围进行调查并赋予国有土地属性,待确权后,再对调查结果进行调整。

3.狭长地类

在实际调查中,经常会遇到宽度小于图上 2 mm,类似于线状地物的其他狭长地类,如狭长的耕地、园地、草地等,可按下列原则处理:

(1)狭长地类面积小于最小上图标准面积时,不进行调查,可综合到相邻地类中,综合时尽可能不要综合到耕地地类中。

(2)当狭长地类面积大于最小上图面积时,按零星地物的调查方法,在狭长地类中心位置打点注记,实地丈量其面积并记录在《土地利用现状调查记录手簿》上,于内业面积量算时扣除。

(二)线状地物编码注记与要求

线状地物属性主要包括线状地物的坐落、权属单位、权属性质、类型、面积等,这些属性注记在数据库中。为了读图、用图的方便，在图上只对部分属性进行编码注记。线状地物注记采用 ab/c 的形式，a 表示线状地物编号，b 表示权属性质（国有土地表示为“G”，集体土地不标注），c 表示地类编号。单线线状地物在实地宽度均匀处量测其宽度到 0.1 m，并在工作底图对应实地位置打点标记量测点和其宽度值。编码标注方法，在线状地物宽度量测点上，字头朝北（东北）或西（西北），平行线状地物标注 ab/c 及宽度；在非宽度量测点上只标注其宽度（主要用于面积计算方便）。当线状地物较长时，为了用图方便，相隔一定距离注记其宽度，但不需打点以示区别（主要用于面积计算方便）。

单线线状地物在实地宽度均匀处量测其宽度到 0.1 m，并在工作底图对应实地位置打点标记量测点和其宽度值；当线状地物宽度变化大于 20%时，分别量测线状地物宽度，并在实地变化对应工作底图位置垂直线状地物绘一短实线，分隔宽度不同的线状地物。当线状地物较长时，为了用图方便，相隔一段距离可注记其宽度，但不需打点以示区别。

（三）线状地物范围的确定、表示与要求

以图斑表示线状地物的面积由图上量算获得；单线线状地物在图上呈单线线性形状，其面积由在实地实量线状地物宽度乘以在图上量算的线状地物长度计算获得。线状地物长度一般在内业沿着影像在图上量算，精度是有保证的。而实地线状地物宽窄不一、形状复杂，其两侧地物哪些应包括在宽度内，哪些不包括，都会造成调绘在图上的宽度范围、实地量测的宽度值有不同的结果。因此，确定线状地物宽度范围，是影响其面积准确性和精度的主要因素。为了保证线状地物面积的准确性和精度，统一规定线状地物宽度范围的确定方法和要求是十分必要的。下面介绍经常遇到的部分线状地物宽度的确定方法和要求。

（四）按图斑表示的线状地物宽度范围的确定和要求

1. 河流水面

河流的横断面，主要有无堤和有堤两种类型。由河流横断面看，河流主要由水面、河滩、河堤构成。一般情况下，大部分河流的常水位线与近期影像基本一致，可按影像调绘；特殊情况下，可参照近期地形图等资料标绘常水位线。河流滩涂（内陆滩涂）指的是河流的常水位线与一般年份的洪水位线（不是历史最高洪水位）之间的区域，调查时，可按实地现状或在当地了解的情况或向有关部门咨询的结果调绘或标绘。

具体调绘时注意以下几个问题的处理：

（1）当河滩不能够依比例尺调绘时，可综合到河流水面中。

（2）对于人工修建（水泥结构）的主要用于挡水的堤，不能够依比例尺调绘时，可综合到河滩中。

（3）对于主要用于交通的堤，按交通用地调绘。

（4）对于建在堤上的居民点，按居民点要求调绘。

（5）用于护堤的零星或成行的树木，当乔木不多于 2 行，且行距小于 4 m 时，或灌木不多于 2 行，且行距不小于 2 m 时，可综合到堤中，否则按林带或林地调查。

（6）当不能够依比例尺调绘时，可综合到堤或河滩中。

2.铁路(公路、农村道路)

铁路、公路、农村道路类型相似,主要有与地面一致、高于地面和低于地面三种表现形式。从横断面结构看,主要有有无路基、有无道沟(主要用于护路的沟)之分,以铁路为例进行介绍。

铁路(公路、农村道路同)用地由路基、道沟、紧邻的成行护路树木等组成。调查时,当对铁路用地进行确权时,按确权范围进行调查;当不进行确权时,参照影像,在实地按现状将铁路用地范围调绘在调查底图上。

(五)单线线状地物宽度范围的确定和要求

为了量算单线线状地物面积,需要在实地丈量线状地物宽度,在图上量算线状地物长度,用矩形面积公式(长乘宽)计算线状地物面积。单线线状地物一般在宽度基本一致的地方量取,并在图上相应位置标注量测点和宽度数据。由于线状地物两侧有时种植着成行的树木,紧邻着耕地及其他地类,因此在实地量测线状地物宽度时,要处理好线状地物与行树、耕地、其他地类的关系。调查时,对已确权的线状地物用地,按确权范围量算其宽度;当不进行确权时,参照影像,在实地按现状量算其宽度。这里主要介绍按现状量测线状地物宽度时需注意的几个问题的处理。

(六)河流、沟渠宽度的量测

河流、沟渠一般量取河(沟、渠)槽的上沿宽度为河流、沟渠宽度。

由图 3-3 可看出,河流、沟渠主要包括无堤的、有堤的、紧邻行树的和紧邻耕地的四种类型。

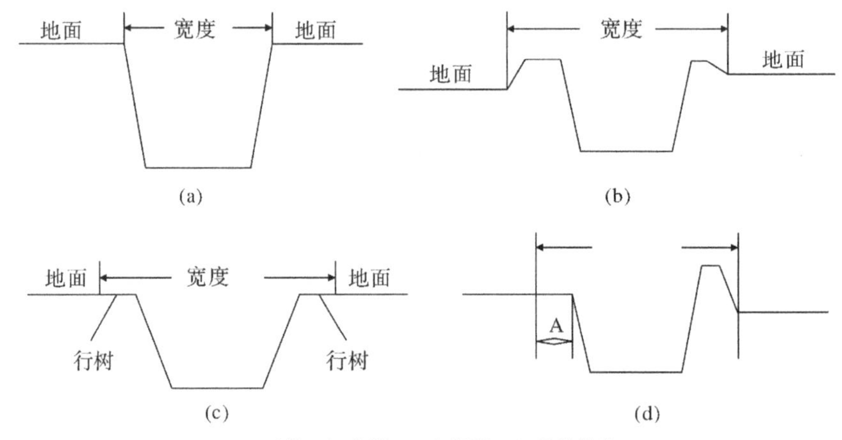

(a)无堤;(b)有堤;(c)有行树;(d)紧邻耕地

图 3-3 河流、沟渠宽度展示

具体实地量测,以图 3-3 为例说明需注意的几个问题的处理。

(1)河流、沟渠无论是否有水,均量测其上沿宽度,当有堤时量测到堤外侧坡脚处,如图 3-3(a)(b)所示。

(2)当河流、沟渠紧邻行树,且行树不多于 2 行、行距不大于 4 m 时,河流、沟渠宽度包括行树，如图 3－3(c)所示。

(3)当河流、沟渠紧邻耕地、园地等农业用地时，分具体情况处理。一般情况下，宽度量测到耕地边缘处，如图 3－3(d)右侧情形所示。当 A 处为非耕地且不能够依比例尺调绘时，可视其为河流、沟渠范围，河流、沟渠宽度包括 A 的宽度；当能够依比例尺调绘时，须单独调绘，河流、沟渠宽度不包括 A 的宽度。

对于主要用于交通的堤，按交通用地调绘。对于人工修建(水泥结构)的主要用于挡水的堤，不能够依比例尺调绘时，可视为河流、沟渠宽度的一部分。

(七)铁路(公路、农村道路)等道路宽度的量测

现以结构典型的道路用地为例说明道路宽度的量测方法和要求，如图 3－4 所示。

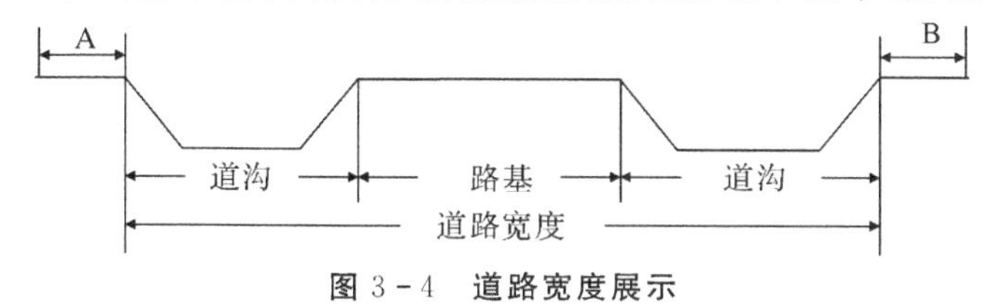

图 3－4　道路宽度展示

具体实地量测道路宽度，以图 3－4 说明需注意的几个问题的处理。

(1)当道路的每一侧为同一地类时，即 A 和 B 不存在时，道路实量宽度如图 3－4 所示。这是最简单的一种情况。实地上情况复杂得多，即 A 和 B 范围内地类都与紧邻的地类不一致，这就需视不同情况处理。

(2)当 A 处为护路树木，树木不多于 2 行，且行距不大于 4 m 时，道路宽度应包括护路行树，护路行树以外的树木按林带和林地调绘。

(3)当 B 处为非耕地，且不能够依比例尺调绘时，道路宽度应包括 B；否则不包括 B，B 处按实地现状地类调绘。

(八)线状地物与权属界线关系的处理

线状地物与土地权属界线重合时，线状地物调绘在准确位置上，其他界线只标绘高一级界线。行政区域界线或土地权属界线符号，视下列不同情况标绘。

(1)权属界线位于双线线状地物中心，以双线依比例尺线状地物中心为界的，权属界线符号标绘在其中心线上。

(2)权属界线位于双线线状地物一侧，以双线依比例尺线状地物一侧为界的，权属界线符号离该侧边界 0.2 mm 标绘。

(3)权属界线位于单线线状地物中心，以单线线状地物中心为界的，权属界线符号离线状地物 0.2 mm，交错标绘在其两侧。

(4)权属界线位于单线线状地物一侧，以单线线状地物一侧为界的，权属界线符号离线状地物 0.2 mm 标绘在该侧。

对于南方小于 1 m、北方小于 2 m 的不调查的线状地物，当作为权属界线时，必须调绘和表示，但不参与面积计算，并参照单线线状地物的处理方法，处理好线状地物与权属界线的位置关系。

(九)线状地物之间关系的处理

线状地物在图上的表现形式有两种:一种为线状地物宽度大于或等于图上 2 mm 的,用双线依比例尺按图斑调绘和表示;另一种为线状地物宽度小于图上 2 mm 的,用单线符号半依比例尺调绘和表示。因此,为了使图面清晰、表示合理及面积量算方便等,应合理处理线状地物之间的关系。线状地物之间关系处理主要为不同线状地物并行时宽度范围的确定和要求。

1. 不同线状地物并行时宽度范围的确定和要求

在实地,单一线状地物是较少的,而各种不同线状地物并行的情形比比皆是。如何合理确定线状地物并行时各线状地物宽度范围,是线状地物调查时的重要内容。由上述可知,单一线状地物宽度范围确定方法已基本明确,而并行线状地物各自宽度范围确定的方法比单一的要复杂些。其核心问题是如何处理并行线状地物之间的地类,即是综合到相邻地类还是作为独立地类。

现以河流、道路、沟渠并行时为例,说明线状地物并行时的主要处理方法和要求。处理的基本原则是一般不进行取舍,而是根据并行关系不同采取不同的处理方式,如图 3-5 所示。

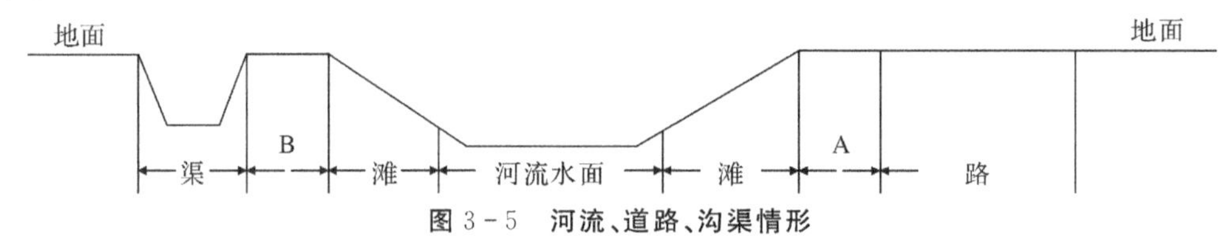

图 3-5 河流、道路、沟渠情形

(1)河流、道路、沟渠均为双线依比例尺线状地物时,要将其调绘在工作底图准确位置上。线状地物之间的 A 或 B 处的各种地类视影像分辨地类清晰程度处理原则如下:

1)按实地现状进行调绘。

2)当 A 或 B 不存在,即并行线状地物基本连为一体时,路或渠的一条边线(一般为人工修建的)可代替滩的一条边线。

3)可按主要地类进行综合。如主要为生长的杂草,掺杂一些耕地(小于最小上图标准的)等其他零星地类,则可综合为"其他草地"地类。

4)A 或 B 处为紧邻线状地物的防护行树,各 1/2 综合到线状地物中,大于 2 行且行距大于 4 m 时按林带或林地调查。

5)当 A 或 B 处地类为大于最小上图标准的耕地、园地,且为狭长形状时,图上难以表示清楚的,可将实测面积记录在调查手簿上,内业面积量算时扣除。

(2)双线线状地物与单线线状地物并行,如河流为双线、渠为单线时,双线线状地物调绘在工作地图准确位置。单线线状地物视与双线线状地物的相对位置关系不同,采取不同的处理方法。处理原则是按准确位置调绘或离双线线状地物边界 0.2 mm 标绘,以双线线状地物为图斑界线。

1)单线线状地物标绘在准确位置。A 处的地类按上述方法处理。

2)当B不存在,即并行线状地物基本连为一体时,单线线状地物离双线线状地物边线0.2 mm标绘,并以边线准确的双线线状地物边线为图斑界线。

(3)单线线状地物并行。依河流、铁路、高速公路、国道、干渠、县(含)以上公路、农村道路、沟渠、林带、管道等为主次顺序,主要线状地物调绘在工作底图准确位置,并为图斑界线,次要线状地物按准确位置调绘或离主要线状地物0.2 mm标绘。

2.线状地物交叉时的处理

线状地物交叉时,从上向下俯视,上面的线状地物连续表示,下面的断在交叉处。面积计算时,只计算上面线状地物的面积。

(十)线状地物与其他地物关系的处理

线状地物在图上的表现形式有两种:一种为线状地物宽度大于或等于图上2 mm时,用双线依比例尺按图斑调绘和表示;另一种为线状地物宽度小于图上2 mm的,用单线符号半依比例尺调绘和表示。因此,为了使图面清晰、表示合理及面积量算方便等,应合理处理线状地物之间、线状地物与其他地物之间的关系。

1.线状地物与居民点关系的处理

(1)线状地物穿过城市时,一般断在城市外围界线处。

(2)河流、铁路、高速公路、国道、干渠、县(含)以上公路等线状地物穿过农村居民点时,应连续调绘并计算其面积。

(3)农村道路、沟渠等线状地物穿过农村居民点时,可断在居民点外围界线处。

(4)双线依比例尺线状地物与居民点并行。

1)当间距大于或等于图上2 mm时,双线线状地物、居民点边线均应调绘在工作地图准确位置,其间的地类按现状调查。

2)当间距小于图上2 mm时,双线线状地物调绘在工作地图准确位置,某一边线可作为居民点界线。

(5)单线半依比例尺线状地物与居民点并行。

1)当间距大于或等于图上2 mm时,线状地物、居民点边线均应调绘在工作底图准确位置,之间的地类按现状调查。

2)当间距小于图上2 mm时,单线半依比例尺线状地物调绘在工作底图准确位置,并可作为居民点界线。面积量算时,居民点图斑面积应扣除作为图斑界线线状地物面积的一半。

(十一)线状地物穿过隧道时的处理

线状地物穿过隧道时,线状地物断在隧道两端,隧道内线状地物可用虚线表示。计算面积时,隧道内线状地物面积不计算。

四、图斑调查及要求

图斑调查包括三方面内容:一是图斑划分;二是图斑地类认定;三是确定属性。

实际调查中,不同的人由于对图斑的理解不完全一致,对图斑的划分结果也不一样。为保证调查成果的统一性，便于成果的使用、变更及管理，根据图斑的定义，统一图斑划分的基本标准和基本要求。

（一）图斑定义

一般认为，地类连续一致的范围称为一个图斑。图斑的划分主要是便于读图、用图、管理、变更等。因此，图斑的划分是地类调查的基础。

（二）图斑划分原则

土地利用现状调查由于调查比例尺较小，不能直接使用城乡统一的《土地利用现状分类》标准，而将建设用地划分为城市用地、建制镇用地、村庄用地、采矿用地、风景名胜、特殊用地，及铁路、公路等用地。土地利用现状调查图斑划分原则如下：

（1）城市用地、建制镇用地、村庄用地、采矿用地、风景名胜及特殊用地外围闭合界线形成的地块。

（2）按图斑表示的线状地物形成的地块。

（3）被行政区域界线、土地权属界线、单线线状地物、地类界线分割形成的地块。

（4）划分不同耕地坡度分级界线（主要是田坎）分割形成的不同坡度级耕地地块。

（5）划分耕地中梯田、坡耕地的界线分割形成的梯田地块、坡耕地地块。

当各种界线重合时，依行政区域界线、土地权属界线、地类界线的高低顺序，只表示高一级界线。

行政区域界线、土地权属界线作为符号使用时不视为图斑界线，作为非符号使用时视为图斑界线。

（三）图斑划分

根据图斑定义和划分原则，在调查中可对调查区域内的土地划分成若干图斑。

1. 城市图斑

根据建设部门定义，以非农业和非农业人口聚集为主要特征的居民点称为城市，包括按国家行政建制设立的市。具体讲，城市是具有较大规模建筑、交通、绿化和公共设施等的非农业活动和非农业人口为主的聚居地，是一定地域范围内的政治、经济、文化中心。在我国指按国家行政建制设立的直辖市和市，包括市辖区。市是经国家批准建制的行政地域，是中央直辖市、省直辖市和地辖市的统称。根据对城市的定义，土地调查只对城市建设用地进行调查。城市建设用地，具体是指城市市区，即城市建成区或附属于城市的建设用地。城市建设用地调查分为两部分，一部分为市政府所在地城市建成区（包括市辖区的建成区），另一部分为附属于城市的其他建设用地。

（1）城市建成区图斑划分原则。城市建成区指市政府所在地的基础设施和地面建筑物（构筑物）已经配套建成的地区，并具备城市功能（政治功能、交通功能、经济功能、文化功能等），建筑连接基本成片并由市政部门直接管理的区域。城市建成区也包括市辖区建成区。

城市建成区，目前还没有一个很严格的划分标准。根据对城市的定义，按下列原则划分城市建成区用地范围：一是以近期的遥感影像为依据，从市中心向外，建筑物基本连成一片的，其边缘界线为城市用地图斑；二是可参照市政部门直接管理的区域，其边缘界线为城市用地图斑；三是城市基础设施（指交通设施的公共交通、桥梁、停车场等，水资源与给排水设施的自来水、雨水污水排放和处理等，能源设施的煤气、热力、电力等、通信设施的邮政、通信等；环境设施的工业及民用垃圾运输和处理等，防灾设施的消防、救护、公共安全等）比较完备区域边缘界线为城市用地图斑。城市建成区内的农村居民点（城中村）视为城市建成区。

建成区内的耕地、园地等农用地和水域（江、河、湖泊）不视为城市建成区。

（2）其他城市建设用地图斑划分原则。其他城市建设用地是指与城市建成区不相连，且附属于城市的建设用地。如近郊区已基本具备城市功能，基础设施和地面建筑物（构筑物）已经配套建成的区域、卫星城、大学城、开发区、住宅社区、休闲度假场所、工业用地、仓储用地等的建设用地也视为城市建成区。其外围界线为城市用地图斑。

2. 建制镇图斑

镇是经国家批准设镇建制的行政地域。镇是建制镇的简称。我国的镇是包括县人民政府所在地的建制镇（不含县城关镇）和县以下的建制镇。建制镇是城市的范畴。具体讲，城镇指规模小于城市、以从事非农业生产活动为主的有一定规模的居民点，其既是人们生活居住的地点，又是从事生产和其他活动的场所，并设有一级政府组织。

建制镇用地与城市用地类似，建制镇用地调查分为两部分，一部分为镇政府所在地建成区，另一部分为附属于建制镇的其他建制镇建设用地。

（1）建制镇建成区图斑划分原则。镇政府所在地建成区外围界线为建制镇建成区图斑。不包括穿过建制镇的河流、公路、铁路及农业用地。

建制镇建成区内的农村居民点视为建制镇建成区。

（2）其他建制镇建设用地图斑划分原则。其他建制镇建设用地指与建制镇建成区不相连，且附属于建制镇的建设用地界线为建制镇用地图斑，如工业用地、住宅小区、仓储用地等的建设用地。

3. 村庄

城市和建制镇用地以外的乡、村非农建设用地包括连片的农村居民点，以及附属于农村居民点且不与其相连的其他非农建设用地，如住宅用地、工业用地、仓储用地等建设用地范围界线为村庄用地图斑。

（1）农村居民点内外并所属的为其服务的学校、村办企业、供销社等用地，视为村庄用地。

（2）农村居民点内的国有土地，如信用社等非农建设用地视为村庄用地。

（3）与农村居民点边缘相连的零星树木、晾晒场、猪圈、堆草用地等视为村庄用地。

（4）村庄用地范围内外的农业建设用地不视为村庄用地。

4. 采矿用地

采矿用地是指采矿（如露天煤矿）场、采石场、采砂（沙）场、盐田、砖瓦窑等地面生产用地及尾矿堆放地(如露天煤矿剥离土堆放地),不包括采矿的地下部分,以及用于加工、办公、生活、交通等的建设用地。实际采矿用地(不是设计范围)范围界线为采矿用地图斑。

5.风景名胜及特殊用地

该地类图斑指城镇村庄用地以外,包括名胜古迹、旅游景点、革命遗址、自然保护区、地质公园等风景名胜区域的管理机构、住宿餐饮、休闲娱乐等,以及军事设施、涉外、宗教、监教、殡葬等的建设(建筑物、构筑物)用地界线。该区域建设用地以外的地类按《土地利用现状分类》标准划分。

6.其他图斑

其他建设用地图斑指上述建设用地以外的铁路、公路等的建设用地。

(四)图斑最小上图面积标准

图斑最小上图面积:城镇村及工矿用地为 4 mm^2,耕地、园地为 6 mm^2,林地、草地等其他地类为 15 mm^2。

1.图斑综合取舍

为了充分反映实地土地利用的现状,调查的图斑原则上不允许综合取舍。但是,对于大面积的线状地物密集区,造成图斑破碎而影响读图、数字文字注记时,可对线状地物进行适当取舍,使图斑适当综合取舍。图斑的取舍原则:一是线状地物两侧地类必须一致;二是主要线状地物和作为权属界线的线状地物不能舍去;三是当区域个别图斑破碎时,一般不进行综合,以反映实地现状;四是综合后的图斑一般不大于图上 2 $cm^2$①。对舍去的线状地物面积可记载在《土地利用现状调查记录手簿》上,内业面积量算时扣除;或在数据库中设一层保留,既做到图面的清晰,又可反映实地现状。

2.梯田、坡耕地调绘

对耕地,不但要将耕地的位置、范围、权属性质等调绘在调查底图上,还要将耕地划分为梯田和坡耕地两种类型。由于梯田、坡耕地中的田坎数量、表现形式、规律等差异很大,因此,采用田坎系数扣除田坎面积时,需要对梯田、坡耕地分别进行田坎系数测算和扣除,以保证测算田坎系数和扣除田坎面积的准确。为此,调查时需要明确耕地的梯田、坡耕地类型,对梯田、坡耕地单独划分图斑。

3.梯田类型

梯田指在坡地上沿等高线由人工修筑的比较规整的台阶式农田。梯田边缘一般用土或石料垒成地坎。梯田可拦蓄雨水、防止水土流失,对农田的高产、稳产有很大作用。将梯田属性记录在数据库中。

---

① 杨永崇.现代土地调查技术[M].西安:西北工业大学出版社,2015.

4.坡耕地类型

坡耕地指坡地上基本没有或有少量(与梯田比)田坎(自然形成或人工修建)的农田。坡耕地易水土流失,对农业生产有一定影响。

对梯田、坡耕地混在一起的,当两者都大于最小上图标准时,须分别调绘,划分图斑;当其中之一小于最小上图标准时,可综合到另一类型中。

(五)破碎耕地的调查

耕地除了上述的梯田、坡耕地类型外,在个别山区还有一种是耕地很破碎并与裸岩、石砾混在一起的类型,如图 3-6 所示[①]。

图 3-6　个别山区耕地

对于这种类型的耕地,每一小块耕地都不够上图标准,耕地虽然地块小、质量差,但若不调查,当地就没有耕地或耕地减少很多;但若每一小块都调查,工作量非常大,也不便于操作。对于这种类型的耕地,若需要调查时,必须到野外实地调查。具体可采取两种方式处理。

方式一:在实地目估,当认为耕地比例大于 60%(多半为耕地)时,将混在一起的耕地和裸岩石砾作为一个图斑调查和表示,地类确认为耕地,裸岩石砾用系数扣除。

方式二:在实地目估,当认为裸岩石砾比例大于 60%(多半为裸岩石砾)时,将混在一起的耕地和裸岩石砾作为一个图斑调查和表示,地类确认为裸岩石砾,耕地用系数扣除。

(六)图斑编码注记与要求

为了读图、用图的方便,对数据库输出的土地利用图,以村或村民小组(宗地)为单位,从上到下、从左到右对每一个图斑属性都要标注一个不重复的编码。图斑属性一般包括图斑

---

① 高润喜,丁延荣.地籍测量[M].北京:中国铁道出版社,2012.

的坐落、权属单位、权属性质、地类编号、顺序编号、图斑面积等。当图斑为耕地时，还包括基本农田、耕地坡度分级、梯田、坡耕地、田坎系数等。编码采用ab/cd形式，a——图斑顺序编号（不能重复）；b——图斑为基本农田时注J，否则为空；c——图斑地类编号（二级分类）；d——耕地坡度分级代号（用Ⅰ，Ⅱ，Ⅲ，Ⅳ，Ⅴ代表5个坡度级）。当图斑较小时，编码用引线引出，标注在图斑外①。

（七）零星地物调查

零星地物是指耕地中小于最小上图图斑面积的非耕地或非耕地中小于最小上图图斑面积的耕地。本次调查中，对零星地物原则上可不调查。对于山区图斑破碎地区，当不进行零星地物调查就会影响耕地面积准确性时，也可进行零星地物调查，具体是否需要调查及调查方法由省国土资源管理部门规定。若需要调查零星地类，只对耕地中的非耕地、非耕地中的耕地且实地面积大于100 m^2 的零星地物进行调查，并实地丈量其面积，将面积记载在《土地利用现状调查记录手簿》上，内业面积量算时扣除②。

零星地类编码采用与图斑编码注记类似，为(a)b/cd形式②。

五、地物补测

调绘除了将调查底图上影像显示的信息标绘出来外，对于影像没有显示或影像不够清晰，而又需要表示的地物，需要按其位置、形状、范围补测到调查底图上。将需要补测的实地地物按调查底图比例尺缩小在调查底图相应位置上的过程，称为地物补测。需要补测的内容包括成像时间到调绘期间出现的新增地物，或是由于比例尺较小无法直接解译、调绘的较小地物，以及被阴影、云影所遮盖而未成像的地物。

（一）补测方法和精度要求

地物补测方法很多，根据被补测地物大小、形状、难易、被补测地物四周已知明显地物点状况等采用不同的补测方法。常用的补测方法主要有简易补测法和仪器补测法。简易补测法又分为简易直接补测法、简易间接补测法两种。

具体补测精度要求：

(1)量具丈量精度要求。用皮尺或钢尺丈量距离时，单位为米(m)，保留1位小数。往返或单程两次丈量的相对误差不大于1/200。

(2)平面位置精度要求。在补测的地物点相对邻近明显地物点距离误差中，平地、丘陵地不得大于图上0.5 mm，山地不得大于图上1.0 mm。

---

① 王依，廖元焰．地籍测量[M]．北京：测绘出版社，1996

② 章书寿，孙在宏．地籍调查与地籍测量学[M]．北京：测绘出版社，2014．

(二)简易直接补测法

该方法是地物补测的常用方法。一般使用钢尺或皮尺、圆规、笔、三角尺等简单测量工具,将地物补测到调查底图上的方法,包括比较法、截距法、距离交会法、直角坐标法、延长线截距法等。该方法适用于补测地物较小或较规整,而且四周有较多的实地与影像对应的明显地物点作为控制的地区。

(三)简易间接补测法

简易间接补测法指利用收集的与补测地物有关的图件资料,如设计图、竣工图等,将图件资料上的有关调查内容,采用透绘法、转绘法等方法,标绘在调查底图上的方法。该方法主要适用于已有相关资料的地区。

1. 方法

(1)透绘法。当收集的图件资料比例尺与调查底图比例尺一致时,两图可套合,将补测地物的范围直接标绘在调查底图。或在计算机上将两图套合,将补测地物的范围标绘在土地利用现状图上。

(2)转绘法。当收集的图件资料比例尺与调查底图比例尺不一致时,两图无法套合,可依据图件资料比例尺采用图解坐标方法,将补测地物的主要界址点,标绘在工作底图上。或将图件资料扫描,通过缩放将两图套合,将补测地物的范围标绘在调查底图上。

2. 要求

(1)实地核实。标绘后必须对其标绘内容进行核实确认,当与实地的位置、界线一致时,予以确认;不一致时,按实地现状进行修改后确认。

(2)精度要求。透绘法:两图套合,界线应目视重合,不大于图上 0.3 mm。转绘法:误差不大于图上 1.0 mm。

(四)仪器补测法

仪器补测法指利用全站仪、GPS 等仪器设备,进行地物补测的方法。该方法适用于补测地物范围大、不规整及用简易补测法无法补测情况。对于大型新增线状地物,如高速公路、铁路、工矿企业等,一般应采用仪器补测法。

1. 方法

采用全站仪或 GPS 技术获得补测地物主要补测点坐标,将坐标标绘在调查底图上或直接输入数据库标绘在土地利用现状图上,按实地界线走向连接拐点。另外,还可用仪器法获得控制点,用于其他补测法的控制。该方法补测精度高并适用于任何情况的补测。

2. 要求

GPS 实地定位精度，1∶5 000 比例尺图不大于实地 1.0 m；1∶10 000 调查比例尺不大于实地 2.0 m；1∶50 000 调查比例尺不大于实地 10.0m。[①]

在实际地物补测中，各种补测方法应根据实地情况综合使用。

六、土地利用现状调查记录手簿填写[①②]

土地利用现状调查记录手簿应记载图斑地类、权属，以及有关线状地物权属、宽度等信息。地物补测应绘制草图，并在备注栏予以说明。土地利用现状调查记录手簿一般分为图斑和线状地物两张表，只填写调查底图无法完整表示内容的图斑和线状地物，以及补测地物，其他能在调查底图上表示清楚的图斑和线状地物，视情况填写。

（一）土地利用现状调查表（图斑）填写方法

农村土地调查记录表（图斑）见表 3－1。[①]

表 3－1　土地利用现状调查记录表（图斑）

行政村名称：　　　　第　　页共　　页

序号	图幅号	图斑预编号	图斑编号	地类编码	权属单位	权属性质	耕地类型	备注
1	2	3	4	5	6	7	8	9
草图								

调查人：　　调查日期：　　检查人：　　检查日期：

土地利用现状调查记录表（图斑）共有 9 栏，具体填写内容和要求[①]如下：

第 1 栏“序号”，填写顺序号。

第 2 栏“图幅号”，填写图斑所在图幅编号。

第 3 栏“图斑预编号”，填写外业调查时图斑的临时编号。

第 4 栏“图斑编号”，填写数据库建成后图斑编号，可能与图斑预编号不一致。编号统一以行政村为单位，对地类图斑按从左到右、自上而下由“1”顺序编号。补测地物的编号在顺序号前加“B”。

第 5 栏“地类编码”，填写图斑地类编码。

第 6 栏“权属单位”，填写图斑所属的权属单位名称。

---

① 徐绍铨. GPS 测量原理及应用[M]. 武汉：武汉大学出版社，2017.

② 《第三次全国国土调查技术规程》，2019 年 2 月 1 日起实施，中国政府网，2019-01-31.

第 7 栏“权属性质”，填写 G(国有)或 J(集体)。一般集体可不填。

第 8 栏“耕地类型”，仅填写梯田耕地，用 T 表示。耕地为坡地的不用填写。

第 9 栏“备注”，填写需要备注的内容。补测地物须在备注栏说明。

草图栏，当图斑为补测地物时，必须绘图斑草图。

(二)土地利用现状调查表(线状地物)填写方法[①]

土地利用现状调查记录表(线状地物)见表 3-2。

表 3-2 土地利用现状调查记录表(线状物)

行政村名称： 单位： 第 页 共 页

	图幅号	预编号	编号	地类编码	权属单位	权属性质	宽度	比例	备注
1	2	3	4	5	6	7	8	9	10
草图									

调查人： 调查日期： 检查人： 检查日期：

土地利用现状调查表(线状地物)共有 10 栏，按整条线状地物填写，被权属单位分割时应分别填写。

农村土调查记录表(线状地物)具体填写内容和要求如下：

第 1～7 栏与图斑记录表填写内容和要求基本相同。

第 8 栏“宽度”，填写线状地物实地量测的完整宽度。

第 9 栏“比例”，当线状地物与权属界线重合时，填写在本权属单位内的线状地物宽度占完整宽度的比例。

第 10 栏“备注”，填写需要备注的内容。补测的线状地物须在备注栏说明。

草图栏，补测的线状地物必须绘草图，其他可视情况绘制。

七、数字化外业调绘结果

(一)调查底图标绘

外业调查完成后，调查底图应完整标绘全部调查信息，包括行政界线、权属界线、地类及其界线、线状地物及宽度、补测地物，以及属性、编号和注记等。

编号以行政村为单位，统一对地类图斑、线状地物从左到右、自上而下由“1”顺序编号。补测地物的编号在顺序号前加“B”。

(二)数字化外业调绘结果

根据野外的核查结果，对内业解译的地图进行相应修改。

① 《第三次全国国土调查技术规程》，2019 年 2 月 1 日起实施，中国政府网，2019-01-31.

(1)根据野外核实的地类及地类界线,修改相应的地类注记,调整相应的地类界线。

(2)根据野外量取的线状地物宽度,对其相应的图形录入线宽;对于分段丈量了宽度的线状地物,必须将与其相应的图形也分为若干段,分别录入其线宽。

(3)根据野外测量或勘丈的数据绘制新增的地物,并调整图上与其相关的权属界线、地类界线和线状地物。

第五节 内 业 工 作

耕地是土地调查的重要对象,耕地坡度分级是反映耕地地表形态、耕地质量、生产条件、水土流失的重要指标之一。因此,耕地坡度也是土地利用现状调查的重要内容。

一、耕地坡度分级

(一)耕地坡度分级标准

根据耕地所在地面坡度,耕地分为 5 个坡度级,即 2°以下(含 2°)的为Ⅰ级,2°~6°的为Ⅱ级,6°~15°的为Ⅲ级,15°~25°的为Ⅳ级,大于 25°的为Ⅴ级,坡度级上含下不含,其中Ⅰ级视为平川,除Ⅰ级外,每个坡度级耕地又分为梯田和坡耕地,详见表 3-3。

表 3-3 耕地坡度分级及代码

坡度等级	<2°	2°~6°	6°~15°	15°~25°	>25°
坡度级代码	Ⅰ	Ⅱ	Ⅲ	Ⅳ	Ⅴ

(二)耕地坡度量算方法

土地详查时,确定耕地的不同坡度分级,是将耕地图斑转绘在地形图上或套合地形图,利用坡度尺和耕地图斑内等高线疏密程度,人工逐图斑量算其坡度分级。随着科学技术的进步,可采用 1:50 000 或更大比例尺数字高程模型(DEM),套合土地利用现状图,自动量算的方法,确定梯田、坡耕地的耕地坡度分级。

当同一图斑含有不同的坡度级时,一是以主要(面积占比大于 60%)的坡度级确定该图斑坡度级;二是当某一耕地图斑有两个(或两个以上)主要坡度级面积比例相当,并且之间的界线明显时,可将该耕地图斑划分为两个(或两个以上)不同坡度级的耕地图斑。但尽可能不要分得过细,以免使图斑破碎。

(三)利用 DEM 量算耕地坡度等级

1. DEM 选择

DEM 比例尺的选择取决于调查区域的地形地貌和土地利用类型特征。二次调查原则上采用 1:500 00 DEM。西南喀斯特地区优先选用 1:10 000,5 m 格网 DEM 数据。西北黄土高坡沟壑地区优先选用 1:10 000 DEM 或 1:10 000 计曲线加特征点法生成 DEM 数据或

10 m 格网 DEM 数据。其他地区山区优先选用 1:10 000,25 m 格网 DEM 数据,丘陵、平原区应选用 1:50 000,25 m 格网 DEM 数据。

2. 质量评价

质量评价包括 DEM 精度检查、现势性检查、数据完整性检查以及数据文件检查。

3. DEM 数据预处理

DEM 数据预处理包括坐标转换、中央经线变换、镶嵌和重采样等。

4. 坡度计算

坡度计算即利用主要坡度计算模型计算。

5. 坡度分级

按小于或等于 2°、大于 2°,小于或等于 6°、大于 6°,小于或等于 15°、大于 15°,小于或等于 25°、大于 25°分为五个坡度级,制作坡度图。坡度图最好由省级土地调查办公室统一组织制作。

6. 坡度量算单元确定

耕地坡度量算单元是以一个完整图斑为一个单元计算。

7. 坡度等级计算

将坡度图与土地调查数据库中的地类图斑层叠加,计算耕地图斑内的主要坡度级(面积比例最大的坡度等级),确定该图斑所属的坡度级。

二、椭球面的面积计算[①]

各种土地面积是土地利用现状调查的一项重要成果,因此,面积计算是土地调查的一项重要技术。其中,零星地物面积是由实地测量获得。线状地物的面积则是由实地丈量的宽度乘以图上量取的长度而获得。为了避免投影变形对面积计算和统计带来的影响,土地利用现状调查在计算和统计土地面积时采用图斑在椭球面上的面积。

(一)图幅理论面积计算

图幅理论面积是基于高斯-克吕格投影和按经纬线分幅计算的。高斯投影有如下特点:

(1)赤道与每带中央经线的投影是相互垂直的直线,其余经纬线的投影是曲线,并以赤道为轴南北对称,以中央经线为轴东西对称。

(2)投影无角度变形即经纬线的投影都正交,球面上任意两线的夹角投影后的大小不变。

(3)由于每带的中央经线与圆柱面相切,故中央经线投影没有变形即投影的长度比为

---

① 章书寿,孙在宏. 地籍调查与地籍测量学[M]. 北京:测绘出版社, 2014.

777:1,其余经纬线和赤道的投影都增大,距中央经线愈远,变形愈大。

(4)经线投影与纵坐标线之间有一夹角叫子午线收敛角,以 y 表示,中央经线以东经为正,西经为负。y 值随纬度的增高而增大。

(5)由于各带的投影原理完全一致,所以一个投影带的图廓坐标各带均可适用。

由此可知,高斯投影分带下的标准分幅地形图是按经纬度分幅的梯形图幅,同一纬度带图幅的图廓大小是相同的,图幅理论面积是由图廓经纬度计算的椭球面积,同一纬度带的图幅理论面积是相等的。

在实际操作中,根据调查比例尺要求确定调查范围内的标准分幅图,各种不同比例尺的图幅理论面积可以根据公式计算得到,也可以在《土地利用现状调查技术规程》中查表得到。

(二)任意图斑椭球面积计算

土地利用数据库建立在高斯平面上,计算的图斑面积大多为平面面积,而标准分幅的图幅理论面积是椭球面积,为保证土地利用数据库各图斑面积和图幅理论面积的计算方法一致,采用《土地利用现状调查技术规程》规定的公式计算图斑的椭球面积,作为土地利用数据库中的图斑面积。

任意封闭图斑椭球面积计算的原理:对任意封闭图斑高斯平面上的坐标利用高斯投影反解变换模型换算为相应椭球的大地坐标,再利用椭球面上任意梯形图块面积计算模型计算其椭球面积,从而得到任意封闭图斑的椭球面积。

三、田坎系数测算和扣除

耕地面积是土地调查成果中最重要的一项调查成果,而耕地面积中最难处理的是田坎面积。

(一)田坎系数

耕地中北方大于或等于 2 m、南方大于或等于 1 m 的地坎(含耕地中田埂、地埂)称为田坎。土地调查中,在 1:10 000 土地利用现状图上,田坎一般上图表示出来的很少(在大比例尺调查 1:5 000,1:2 000 调查底图上,平原上耕地中的田坎可较多地表示)。田坎依附于耕地存在,有耕地必有田坎。田坎单个面积很小,但数量浩瀚、总量很大,全部实地测量或调绘在调查底图上量算都是难以实现的。为了获得准确的田坎面积,耕地坡度(地面坡度)大于2°时,可测算耕地田坎系数,用田坎系数扣除田坎面积。

(1)耕地图斑面积,指用图斑拐点坐标计算的耕地图斑面积。耕地图斑中包括南方大于或等于 1.0 m、北方大于或等于 2.0 m 田坎面积的图斑面积,一般为外业直接调绘的耕地图斑面积。

(2)耕地图斑地类面积,指耕地图斑面积减去实测线状地物、田坎面积和其他应扣除面积(如图斑中的零星地类面积)后的面积。

(3)田坎系数,指田坎面积占扣除其他线状地物后耕地图斑面积的比例。田坎系数的大小随着耕地所处位置(丘陵、山区)、类型(梯田、坡耕地)和利用方式(水田、旱地)等的不同而不同。一般规律是:耕地所在的地面坡度越大,田坎系数越大;梯田比坡耕地的田坎系数大;山区比丘陵的田坎系数大。

按耕地分布、地形地貌相似性等特征,对完整省(区、市)辖区分区。区内按不同坡度级和坡地、梯田类型分组,选择样方测算系数。样方应均匀分布,数量不少于30个,单个样方不小于0.4 hm^2(6亩)。

对耕地坡度(地面坡度)小于或等于2°的耕地中的田坎,须外业实地逐条调绘在调查底图上,内业面积量算时逐条扣除。

由这些规定可以看出,将田坎调查准确、表示清楚、正确扣除,是保证耕地面积准确的重要环节,其中测算田坎系数是关键环节。

(二)田坎系数类型

根据耕地的分布状况、类型和利用方式,我国耕地主要有两大类,第一大类为平地上的耕地,第二大类为标准梯田和顺山坡耕作的坡耕地。我国绝大部分耕地属于这两大类。另外,在极个别地区还有一类耕地,耕地中没有明显的田坎,而是散列分布着许多零星非耕地,如裸岩、石砾等,或在非耕地中,散列分布着许多零星耕地。在这种情况下,不扣除这些非耕地,耕地面积将增加很多,不符合实际情况;而零星耕地不进行统计,这一地区的耕地又将减少很多,也不符合实际情况。因此,根据以上这些情况,将田坎系数归纳命名为以下四种类型。

(1)梯田坎系数,指标准梯田图斑中梯田田坎面积占梯田图斑面积的比例。

(2)坡耕地田坎系数,指坡耕地图斑中田坎面积占坡耕地图斑面积的比例。

(3)散列式非耕地系数,指按破碎耕地调查确定的图斑中无规律散列分布的耕地多于非耕地。这时非耕地面积占耕地图斑面积的比例称为散列式非耕地系数。

(4)散列式耕地系数,指按破碎耕地调查确定的图斑中散列分布的非耕地多于耕地,这时耕地面积占图斑面积的比例称为散列式耕地系数。

(三)田坎系数测算方法及要求

影响田坎系数大小的因素:自然因素包括地貌类型、地面坡度;人为因素包括样方选取、样方代表性、样方数量、样方大小、测量精度等。为了保证田坎系数测算的准确性、统一性和一致性,最大限度地反映当地实地情况,结合当地实地情况,按下列要求和步骤测算田坎系数。

1.分区

对完整省(区、市)辖区,按地貌类型划分为丘陵、山区、高山区等不同的地貌类型区域。分区时尽可能不打破完整县或乡辖区。对特殊地区,可进一步细分地貌类型区域。将地貌类型划分为丘陵、山区和高山区三类的具体划分指标见表3-4。

表 3-4　丘陵、山区、高山区划分指标①

名 称	绝对高度/m	相对高度/m	地貌特征
丘陵	—	<200	没有山脉形体，低岭宽谷
山区	<3 500	<1 000	有山脉形体，但分割破碎
高山区	>3 500	>1 000	峰尖、坡陡、谷深、山高

2. 分组

在每个区内，根据不同的坡度级和耕地类型组合进行分组见表 3-5。

表 3-5　样方分组表

地貌	2°～6°		6°～15°		15°～25°		>25°	
	梯田	坡地	梯田	坡地	梯田	坡地	梯田	坡地
丘陵	1 组	2 组	3 组	4 组	5 组	6 组	7 组	8 组
山区	9 组	10 组	11 组	12 组	13 组	14 组	15 组	16 组
高山区	17 组	18 组	19 组	20 组	21 组	22 组	23 组	24 组

由表 3-5 可看出，根据地貌类型、耕地坡度分级、耕地类型，一般情况组合可分为 24 个组。对于特殊地区，如散列式非耕地、散列式耕地等，可进一步分组。

3. 确定样方

在每个组内，布设不少于 30 个均匀分布的样方，单个样方面积不小于 0.4 hm^2(6 亩)。布设的样方须在调查底图上标注，同一组的样方从影像上看应基本一致。样方一般为完整图斑。

4. 田坎测量

在确定的样方内，在实地丈量南方大于或等于 1.0 m、北方大于或等于 2.0 m 每一条田坎的长度和宽度，按长乘宽计算每一条田坎面积。若影像清晰，田坎长度可在调查底图上量取。当某条田坎的宽度不均匀时，须分段丈量宽度，计算其平均宽度。将每一条田坎的长度、宽度和计算的田坎面积填写在“样方田坎系数测算表”上，见表 3-6。

填表说明：

(1)以样方为单位填写。

(2)样方田坎系数计算公式为

样方田坎系数＝田坎面积合计/(样方面积－其他线状地物面积合计)×100%

(3)草图栏，实地绘制样方及样方内的田坎和其他线状地物位置、编号等。

5. 田坎系数计算

样方面积采用耕地图斑面积(或实测面积)。根据样方内的田坎总面积除以样方耕地图斑面积(或实测面积)计算每一个样方的田坎系数。将计算结果填写在“样方田坎系数测算

① 根据 2005 年科学出版社出版，张根寿主编的《现代地貌学》整理。

表”上，见表 3－6。

表 3－6　样方田坎系数测算表[1]

区：　组：　样方编号：　县：　乡：　村：　图幅号：　耕地类型：　坡度级：

田坎				其他线状地物			
编号	长/m	宽/m	面积/m^2	编号	长/m	宽/m	面积/m^2
合计				合计			
样方面积：				田坎系数：			
草图：							

量测人：　日期：　检查人：　日期：　第　页共　页

6.平均田坎系数计算及要求[2]

为了保证样方田坎系数的准确性和代表性，同一组样方各田坎系数，最大值不得大于最小值的 30%。符合要求时，同一组样方系数的算术平均值即为该组耕地的田坎系数；不符合要求时，需查找原因或重新选择样方。平均田坎系数计算填写在“田坎系数”表上，见表 3－7。

表 3－7　田坎系数

坡度级	样方类型	样方田坎系数总和	样方数	田坎系数	坡度级	样方类型	样方田坎系数总和	样方数	田坎系数
2°～6°	梯田				6°～15°	梯田			
	坡地					坡地			
15°～25°	梯田				>25°	梯田			
	坡地					坡地			
备注									

计算人：　日期：　检查人：　日期：

填表说明：

(1)依据表 3－7 计算不同区、坡度、耕地类型的田坎系数。

(2)田坎系数＝样方田坎系数总和/样方数。

(3)备注栏，填写需要备注的有关内容。

---

① 杨永崇.现代土地调查技术[M].西安：西北工业大学出版社，2015.

② 邓军.地籍调查与测量[M].重庆：重庆大学出版社，2010.

7. 田坎面积扣除

根据每一组平均田坎系数，计算组内每一耕地图斑的田坎面积，在该图斑面积中扣除。田坎面积不允许以村、乡、县等区域整体扣除。将扣除的田坎面积填写在相应表格内。

8. 检查验收

检查验收的主要内容包括：成果是否齐全，样方的地貌类型和耕地坡度级划分是否正确，样方是否有代表性，样方数量和每一个样方面积是否符合要求。实地抽查 8 个样方（每个坡度级 2 个，梯田、坡地各 1 个）检查田坎丈量是否正确，平均田坎系数计算是否正确，田坎系数样图制作是否符合要求，田坎面积扣除方法是否正确等。

四、成果整理

土地调查成果汇总，是在全面完成县级土地调查内外业、建库工作的基础上，对调查取得的图件、数据和文字等成果分别进行整理，逐级汇总的工作。成果汇总包括农村土地调查成果汇总和城镇土地调查成果汇总。汇总内容主要包括数据汇总、图件编制、文字报告编写和成果分析等。

（一）成果内容

通过调查，将全面获取覆盖整个行政区的土地利用现状信息，形成一整套土地调查成果资料，包括影像、图形、权属、文字报告等成果。

1. 外业调查成果

（1）原始调查图件及土地利用现状调查记录手簿。
（2）土地权属调查成果。
（3）田坎系数测算成果。

2. 图件成果

（1）标准分幅土地利用现状图。
（2）土地利用挂图。
（3）耕地坡度分级等专题图。
（4）图幅理论面积与控制面积接合图表。

3. 数据成果

（1）各类土地分类面积数据。
（2）不同权属性质面积数据。
（3）耕地坡度分级面积数据。

4. 文字成果

（1）土地调查工作报告。

(2)土地调查技术报告。

(3)土地调查数据库建设报告

(4)土地调查成果分析报告。

(二)挂图编制

土地利用挂图分为县级、市(地)级、省级、全国土地利用挂图。县级挂图是基础,上一级土地利用挂图应在下一级土地利用挂图基础上编制。

1. 编绘要求

(1)全面反映制图区域的土地利用现状、分布规律、利用特点和各要素间的相互关系。

(2)体现土地调查成果的科学性、完整性、实用性和现势性。

(3)地类图斑应有统一的选取指标,定性、定位正确。

(4)广泛收集现势资料,对新增重要地物,要根据有关资料进行修编,提高图件的现势性。

(5)在土地调查数据库基础上,采用人机交互编制,形成数字化成果。

(6)内容的选取和表示要层次分明,符号、注记等正确,清晰易读。

2. 图件编绘的准备

各级土地利用挂图利用计算机辅助制图等技术,采用缩编等手段,通过制图综合取舍编制而成。

(1)根据制图区域的面积、形状等实际情况,参考相关的地图资料综合确定投影方式。

(2)平面坐标系采用西安 1980 年坐标系。

(3)高程系采用 1985 年国家高程基准。

成图比例尺选择:根据制图区域的大小和形状,县级挂图比例尺一般选为 1∶50 000 或 1∶100 000;市(地)级挂图比例尺一般选为 1∶100 000 或 1∶250 000;省级挂图比例尺一般选为 1∶500 000 或 1∶1 000 000;全国土地利用挂图比例尺一般选为 1∶2 500 000 或 1∶4 000 000。各地区根据具体情况可选择适当比例尺。

编图资料收集:

(1)标准分幅土地利用现状图数据;

(2)选择与成图比例尺相同的测绘部门地图,作为挂图编制的地理底图(电子图或加工成电子图),主要用于地貌内容选取、经纬网及注记等基础地理信息的确定,保证挂图的数学精度;

(3)土地利用挂图电子图;

(4)制图需要的其他有关资料,如最新的行政区划、交通、水利等专题图。

拟定编辑设计书。编辑设计书是指导编绘作业的技术文件,是制作编绘原图的基本依据,编图单位要根据《土地利用现状调查技术规程》和有关规定的要求,结合制图区域的实际情况和制图区域的特点编写设计书。设计书的内容一般包括以下几项：

(1)制图区域范围、图幅数量、完成的期限和要求；

(2)制图资料的分析、评价，确定基本资料、辅助资料、参考资料；

(3)制图区域土地利用特点，为反映这一特点应采取的技术措施；

(4)作业方案、工艺流程；

(5)对地类的综合取舍和相互关系的处理原则和要求，对《土地利用现状调查技术规程》和有关规定中未涉及的特殊问题做出补充规定；

(6)图历簿填写的具体要求。

3.编绘方法

(1)缩小套合。将下一级挂图(或标准分幅土地利用现状)缩小与地理底图套合，当主要地物，如铁路、公路等，与底图相应地物目视不重合(大于 0.2 mm，新增地物除外)时，应以地理底图为控制，对土地利用现状图进行纠正。

(2)综合取舍。综合取舍的原则是，上图图斑应与调查图斑的地类面积比例保持一致，形状相似；道路、河流等应呈网状，充分反映不同地区分布密度的对比关系及通行状况。图斑最小上图指标：城镇村及工矿用地为 2～4 mm^2；耕地、园地及其他农用地为 4～6 mm^2；林地、草地等为 10～15 mm^2。小于上图指标的一般舍去，或在同一级类内合并。对特殊地区的重要地类，如深山区中的耕地、园地等，可适当缩小上图指标。

道路选取：铁路、乡(含)以上公路应全部选取。平原中的农村道路可以适当选取，丘陵、山区的小路应全部选取。对土地调查中以图斑表示的交通用地，以《土地利用现状调查技术规程》中相应的图式图例符号表示。

河流沟渠选取：河流应全部选取，沟渠可适当选取。

水库、湖泊、坑塘选取：水库、湖泊应全部选取，图上坑塘面积大于 1 mm^2 的一般应选取；坑塘密集区可适当取舍，但只能取或舍，不能合并。

岛屿选取：图上岛屿面积大于 1 mm^2 的依比例尺表示，小于 1 mm^2 的用点状符号表示。

注记：对居民点，路、渠、江、河、湖、水库等有正式名称的应注记名称。

对图上的保密内容须作技术处理，以防失密。

(3)主要整饰内容。

图名：统一采用“×××县土地利用图”“×××市土地利用图”“×××省土地利用图”名称，配置于北图阔正中处。

比例尺：统一采用数字比例尺，配置于南图阔正中处。

“内部用图，注意保存”字样配置于北图阔右上角。

图廓四角、经纬网，注记经纬度坐标。

编制单位：“×××县国土资源局”等，配置于西图阔左下角。

图示、图例：可根据辖区形状合理配置。

土地调查截止期、成图时间及说明配置于南图阔左下角。

(三)数据汇总

面积统计汇总是在全面完成外业调查和内业数据建库工作的基础上，对调查数据进行统计、汇总，形成各级、各类土地调查面积数据成果。通过统计汇总掌握调查区域内土地总面积、各地类面积、分布和权属状况，统计汇总是土地调查的关键环节，分为县级调查成果统计和县级以上数据汇总。

1. 基本原则

(1)以调查数据为基础原则。

(2)以辖区面积为控制原则。

(3)逐级汇总原则。

2. 基本要求

(1)农村土地调查面积的计算，采用椭球面积计算公式计算图斑面积。

(2)图斑地类面积应为图斑面积减去实测线状地物、按系数扣除的田坎和其他应扣除的面积。

(3)面积统计是对调查区域内所有的图斑地类面积、线状地物面积、按系数扣除的田坎面积和其他应扣除面积的统计。

(4)面积汇总以县级以上行政区域为单位进行，统计本行政区域内的各类土地的面积。飞入地面积统计在本行政辖区内，飞出地面积统计在所在行政辖区内。争议区按划定的工作界线范围统计汇总。

(5)农村土地调查行政区域内各地类面积之和(不含海岛)等于本行政界线范围内的辖区控制面积。

(6)城镇土地调查的范围应与农村土地调查确定的城镇范围相衔接。

城镇土地调查将农村土地调查中的单一地类图斑按《土地利用现状分类》进行细化调查，各地类面积之和等于城镇调查区总面积。

(7)海岛面积应以岛屿为单位分地类单独进行面积统计汇总。有县级归属的海岛，以县为单位在县级汇总时填写海岛面积汇总表；无县级归属的海岛，由省级进行汇总，以省为单位填写海岛面积汇总表。

(8)各级行政辖区地类面积应由本行政区域内下级行政单位各类土地面积汇总形成。县级填表至行政村，统计至乡镇和县；市(地)级填表至乡镇，汇总至县和市(地)；省级填表至县，汇总至市(地)和省。

面积计算单位采用平方米(m^2)，面积统计汇总单位采用公顷(hm^2)和亩。在数据汇总时，由于单位换算造成的数据取舍误差，应强制调平。

3.农村土地统计

以县级农村土地调查数据库为基础，按省（区、市）确定的县（区、市）行政区域调查界线、调查区域控制面积、具体内容和格式，在完成本县（区、市）与相邻县（区、市）[包括外市（地）、外省（区、市）]之间地类接边的基础上，由数据库自动汇总出本县（区、市）行政区域内的各类土地利用数据及基本农田数据。

（1）农村土地利用现状一级、二级分类面积统计。农村土地调查完成外业调查和数据建库后，对调查的土地利用现状分类数据进行统计，分别统计农村土地利用现状一级、二级分类面积。

农村土地调查中，按城市、建制镇、村庄、采矿用地、风景名胜及特殊用地五个单一地类统计。统计时，行政区域总面积应等于省或县下达的相应行政区域控制面积。各一级分类面积之和应等于行政区域控制面积。

（2）农村土地利用现状一级分类面积按权属性质统计。依据农村调查确定的国家所有（G）、集体所有（J）土地性质，统计土地利用现状一级分类面积，国家所有（G）土地面积与集体所有（J）土地面积之和应等于行政区域土地总面积。

（3）飞入地一级、二级分类面积统计。按行政辖区界线，统计辖区界线范围内相邻行政辖区的飞入土地，按飞入地单位名称分别对飞入地土地利用现状一级、二级分类面积进行统计。

（4）海岛土地利用现状一级、二级分类面积统计。沿海的县（市、区）要对海岛土地利用现状面积进行统计，应以岛为单位进行统计汇总。

（5）耕地坡度分级面积统计。根据外业调查确定梯田和坡地类型，应用DEM生成坡度图，计算不同类型、不同坡度级的耕地面积。坡度小于或等于2°的为平地，在坡度大于2°耕地中，结合外业调查将耕地再分为梯田和坡地汇总耕地坡度分级面积。

（6）基本农田情况统计。将基本农田数据层与地类图斑层叠加，计算基本农田地块中各土地利用地类的面积，由此得到划定的基本农田面积和基本农田地块所包含地类。

4.城镇土地统计

在城镇土地调查的基础上，以县为单位，对城镇土地调查获取的土地利用分类和权属性质进行统计。

（1）城镇土地利用现状一级、二级分类面积统计。城镇土地调查完成外业权属调查、地籍测量和数据建库后，对调查的土地利用现状分类数据进行统计，统计城镇土地利用现状一级、二级分类面积。城镇土地调查各地类面积应等于城镇调查区控制面积。

（2）城镇土地利用现状一级分类面积按权属性质统计。依据城镇调查确定的国家所有（G）、集体所有（J）土地性质，统计土地利用现状一级分类面积，国家所有（G）土地面积与集体所有（J）土地面积之和应等于城镇调查区控制面积。

5. 专项统计

在农村土地调查和城镇土地调查的基础上，结合有关资料，对工业用地、基础设施用地、金融商业服务用地、开发园区用地以及房地产用地进行统计，分析各类用地利用状况。此外还要对土地调查有关情况，如对调查底图使用情况，权属单位及权属纠纷解决情况，人力、物力、财力投入情况进行统计。

6. 接边

土地调查采用统一提供行政界线和辖区控制面积的方法进行，在调查之前就对行政界线和辖区面积进行了严格的控制，减少了数据汇总的大量工作，因此在各级数据汇总之前的接边仅对相邻的行政区域界线两侧的线状地物及地类界线，以及地类属性等内容进行衔接。具体接边要求如下：

(1)各级土地调查使用的行政界线必须是国家或省提供的行政界线，调查中不允许对国家或省提供的行政界线随意调整。

(2)将相邻行政界线两侧标准分幅矢量数据成果叠加，检查行政界线两侧的线状地物及地类界线，以及地类属性等内容是否衔接。

(3)当行政界线两侧明显地物接边误差小于图上 0.6 mm 时，不明显地物接边误差小于图上 2.0 mm，双方各改一半接边；否则双方应实地核实接边。

(4)行政界线两侧地类等属性不一致时，应根据 DOM 及外业调查结果接边；无法接边的，应实地核实接边。

(5)数据接边应在同一坐标系统下进行，土地调查统一采用 1980 年西安坐标系，采用其他坐标系进行调查的地方应首先将坐标系统统一到 1980 年西安坐标系下，然后再进行数据接边。

(6)不同比例尺的接边，应依据大比例尺调查结果进行接边。以小比例尺图幅理论面积为控制，以大比例尺调查单位图幅界线内本方控制面积为“真值”，小比例尺调查单位图幅界线本方控制面积等于该图幅理论面积减去大比例尺调查单位图幅界线内控制面积。

7. 汇总

以县级土地调查成果为基础开展各级数据汇总，数据汇总分为地市级汇总、省级汇总、全国汇总。通过汇总获得市(地)级、省级和国家级不重不漏的各级行政区域面积和各土地分类面积。

在县级土地统计基础上，对农村土地调查和城镇土地调查成果逐级开展市(地)级、省级和全国汇总。

汇总的主要内容：

(1)农村土地利用现状一级、二级分类面积汇总；

(2)一级、二级分类面积汇总；

(3)海岛土地利用现状一级、二级分类面积汇总；
(4)农村土地利用现状一级分类面积按权属性质汇总；
(5)耕地坡度分级面积汇总；
(6)基本农田情况统计汇总；
(7)城镇土地利用现状一级、二级分类面积汇总；
(8)城镇土地利用现状一级分类面积按权属性质汇总；
(9)图幅理论面积与控制面积结合图表汇总；
(10)专项调查数据汇总等；
(11)土地调查有关情况统计表。

8.面积校核

各级面积汇总之后，各汇总表之间数据应满足下列关系：
(1)各级行政辖区汇总的总面积应等于国家或省提供的本行政辖区控制面积。
(2)本行政区域内地类面积之和应等于本行政辖区总面积。
(3)上一级行政辖区面积等于本行政辖区内各下一级行政辖区面积之和。
(4)二级分类面积之和等于一级分类面积，一级类面积之和等于本行政辖区总面积。
(5)集体土地面积与国有土地面积之和等于本行政辖区总面积。
(6)不同坡度级耕地面积之和等于本行政区域内的耕地面积。

(四)报告编写

1.基本要求

(1)具体反映各级调查单位土地调查的组织实施、技术路线、成果质量等全部情况；
(2)以土地调查成果为基本资料，广泛收集相关资料，加强对成果的分析，使文字成果具有广泛性和实用性；
(3)应从工作组织、技术方法、成果分析等不同角度对土地调查工作做全面总结。

2.报告种类

土地调查报告主要包括工作报告、技术报告、数据库建设报告、成果分析报告、专题报告等。上述报告可以分别编写，也可以统筹考虑，分篇编写。

3.报告主要内容

(1)工作报告主要内容包括调查区域的地理位置、范围、面积，自然、经济、社会等概况，调查的目的、意义、目标、任务，组织实施，经费安排，质量保障措施，完成的主要成果，经验与体会及其他需要说明的情况。
(2)技术报告主要内容包括调查的技术路线与技术方法、工艺流程、质量检查及保障措施、调查中出现的问题及处理方法、应用新技术及效果等。
(3)成果分析报告主要内容包括土地利用结构，各类土地的分布与利用状况，相对于以前调查成果(分地类)的时空变化分析，合理利用土地资源的政策、措施与建议。

(4)专题报告包括基本农田调查报告(包括基本农田的数量、质量、分布和保护状况)、五个专项调查报告(包括用地的数量、分布和利用状况)及其他专题报告。基本农田调查报告需单独编写,其他专题内容可以综合编写。

五、土地利用现状调查成果三维应用系统

土地利用现状调查成果是国家花费巨额资金,调查人员花费大量心血取得的,绝不仅仅是为了获得一组统计数据,供国土部门使用,而应该让其为国民经济的各个部门广泛应用,从而最大限度地发挥其作用。

土地利用现状调查成果中最重要的两个成果是土地利用现状调查数据库和土地利用现状图,其中土地利用现状图的应用最为广泛。土地利用现状图是用来表达土地调查区内土地资源的利用现状、土地开发利用的程度、利用方式的特点、各类用地的分布规律,以及土地利用与环境关系的专题地图,它是研究和应用土地调查成果的重要工具和基础资料。

(一)土地利用现状调查成果三维应用系统的目标和定位

建立土地利用现状调查成果三维应用系统的基本目标是在三维建模技术和空间数据融合技术的支撑下,集成多分辨率遥感影像、数字高程模型、土地调查成果矢量数据等多种数据,整合土地调查成果的各种资料信息,构建一个形象、直观的三维地理环境,实现对调查区内土地利用现状基于此环境的查询、设计和分析,为政府相关人员和社会公众更好地研究和利用土地调查的成果提供便利的条件。

(二)基于 Skyline 建立的土地利用现状调查成果三维应用系统的优点

Skyline 是利用航空卫星影像、数字高程模型和其他 GIS 数据等创建三维地理环境的软件系统。它能够允许用户快速融合各种数据库,实时展现三维地理空间。该系统具有以下优点:

(1)将土地调查成果矢量数据、数字正射影像、数字高程模型进行叠加融合,可视化程度高,容易判读,利用价值高。

(2)根据地区内不断变化的土地利用状况,实时编辑、修改不同地区的各种土地类型等数据,以便及时反馈给相关人员开展研究工作。

(3)通过 TerraGate 可将系统进行网络发布,安装了 TerraExplorer 的客户能够通过网络直接实现对该系统的访问、浏览、查询等基本功能。

(4)可对系统进行二次开发,根据客户的需求,应用控件开发不同功能的系统组件,不断改进系统。

综合以上优点,研制土地利用现状调查成果三维应用系统,不仅可以最大限度利用土地调查所取得的成果,而且可以大大提高国土资源部门开展相关工作的效率。

(三)基于 Skyline 建立土地利用现状调查成果三维应用系统的方法

1.数据准备

(1)正射影像数据。数字正射影像 DOM 数据可使用第二次土地调查的工作底图——

1∶10 000遥感正射影像图，该影像地图大部分都是由分辨率为0.60 m的QuickBird卫星遥感影像，通过ERDASIMAGINE遥感图像处理软件进行影像纠正而成的。

(2)三维地形数据。数字高程模型(DEM)数据可使用1∶10 000地形图数据，抽取高程点或等高线层，使用ArcToolbox中的ASCIItoRaster工具，或者将等高线层转为shp格式，在Arcgis中利用createTINfromFeatures工具，这两种方式都可以最后生成DEM。

(3)土地利用现状数据。利用土地调查所得到的矢量数据，如行政界线、权属界线、地类图斑、线状地物、地名和土地类型注记等数据，将其在Arcgis中转为shp格式的矢量数据，通过TerraExplorer软件中的LoadFeaturesLayer工具，加载到三维地形景观上，就能实现对土地利用要素的浏览、查询等基本要求。

2.叠加数据

三维地形建模采用Skyline公司的TerraBuilder软件完成，它可以很好地将各种卫星遥感影像、数字高程模型、矢量数据融合到一起，创建精确地理配准、具有照片实景效果的三维地面模型。系统数据采用三层金字塔架构，底层是数字高程模型(DEM)，中间层是正射影像(DOM)，最上层是土地利用现状数据，三层数据紧密融合生成了形象直观而且信息丰富的土地利用现状调查成果。

(四)土地利用现状调查成果三维应用系统的应用

由于该系统提供了仿真的虚拟现场，它可以提供一个从不同角度和高度(即宏观和微观)观看目的地及其邻近区域土地情况和地理状况的场景，不仅大大开阔了人们的视野，而且还减少了亲临现场带来的各种麻烦。通过该系统，使用者对该地区土地利用状况一目了然，相对于传统纸质土地利用现状图的晦涩难懂，它不需要对照图例进行判读，各种土地资源类型非常形象直观，即便是非专业人员也很容易从中了解到该地区的各种土地资源信息。

利用该系统可以很方便地开展以下工作：

(1)便于向上级领导汇报工作，避免了相关领导亲临现场带来的麻烦，可以通过该系统直接汇报相关工作。

(2)便于进行招商引资，外地商户可通过网络浏览该系统，清晰直观地对该地区土地的现状进行深入的了解。

(3)便于国土资源部门内部讨论辖区内的土地问题，土地管理人员可以通过该系统直接讨论解决方案。

(4)便于社会各行业如(农业、林业、畜牧业和水利水电行业等)部门了解和使用土地调查成果。

不断提高土地调查成果的利用率需要改善土地调查成果的表达和管理方法，利用Skyline软件建立的土地利用现状调查成果三维应用系统，直观形象地展示了土地调查所取得的成果，系统集成了丰富的信息，为政府各部门和社会公众高效利用土地调查成果打下了坚实的基础。进一步开发后，该系统可广泛应用于土地整理、开发等土地规划工作以及各种大型地面建设工程的规划和设计，也可为直观形象地表达规划和设计思想提供便利条件。

第四章　地籍平面控制测量

地籍控制测量就是在地籍调查区内开展具有全局意义的控制测量工作，以确保后续界址点测量与地籍图测绘的精度要求。本章将以《地籍调查规程》(TD/T 1001—2012)为指导，分别介绍地籍坐标系统基本知识以及地籍基本测量方法与技术要求，重点介绍 GPS RTK 技术的最新发展及其在各级控制测量中的应用前景。

第一节　地籍控制测量概述

地籍控制测量分为地籍平面控制测量和高程控制测量。地籍测量主要是测绘地籍要素及必要的地形要素，形成以地籍要素为主的平面图，一般不要求高程控制，本章主要讲述地籍平面控制测量，对地籍控制测量的原则、精度要求、采用的坐标系等进行说明，并对地籍控制测量的方法作一般介绍。

一、地籍控制测量的含义及特点

地籍控制测量是地籍图件的数学基础，是关系到界址点精度的带全局性的技术环节。它是根据界址点及地籍图的精度要求，结合测区范围的大小、测区内现有控制点数量和等级情况，按控制测量的基本原则和精度要求进行技术设计、选点埋石、野外观测、数据处理等测量工作。

地籍控制测量包括地籍基本控制测量和图根控制测量，前者为测区的首级控制点，后者则为直接用于测图服务的扩展控制点，两者构成了测区控制网的两个不同层次。这样，既可保证测区控制点精度分布均匀，又可满足测区设站的实际要求。

地形控制网点一般只用于测绘地形图，而地籍控制网点不但要满足测绘地籍图的需要，还要以厘米级的精度(城镇)用于土地权属界址点坐标的测定和满足地籍变更测量的需求。因此，地籍控制测量除具有一般地形控制测量的特点之外，在质和量上又有别于地形控制测量。

地籍控制测量具有如下主要特点。

(1)因地籍图的比例尺比较大(1∶500～1∶2 000)，故平面控制测量精度要求高方能保证界址点和图面地籍要素的精度要求。

(2)地籍要素之间的相对误差限制较严，如相邻界址点距离、界址点与邻近地物点间距的误差不超过图上 0.3 mm。因此，应保证平面控制测点有较高的精度。

(3)城镇地籍测量由于城区街区街巷纵横交错、房屋密集、视野不开阔，故一般采用导线测量建立平面控制网。

(4)为了满足实地勘丈的需要，基本控制和图根控制点必须要有足够的密度，方能满足细部测量要求。

(5)地籍图根控制点的精度与地籍图的比例尺无关。地形图根控制点的精度一般用地形图的比例尺精度来要求[地形图根控制点的最弱点相对于起算点的点位中误差为0.1 mm×M(M为比例尺)]。界址点坐标精度通常以实地具体的数值来标定，而与地籍图的比例尺精度无关。一般情况下，界址点坐标精度要等于或高于其地籍图的比例尺精度，如果地籍图根控制点的精度能满足界址点坐标精度的要求，则也能满足测绘地籍图的精度要求。

二、地籍平面控制网的布设原则

地籍控制测量的布网要遵循“从整体到局部，先控制后碎部”和“分级布网，逐级控制”(应用GPS也可越级布网)的原则，尽可能地利用已有的等级控制网来布设或加密建立。

地籍平面控制网的布设原则如下。

(1)地籍控制点要有足够的精度。地籍控制网、点的精度应以满足最大比例尺(1∶500)地籍测图的需要为基本条件。根据要求，四等三角网中最弱相邻点的相对点位中误差不得超过5 cm；四等以下网最弱点(相对于起算点)的点位中误差不得超过5 cm。

(2)地籍控制点要有足够的密度。地籍测量工作，不仅要测绘地籍图和界址点坐标，而且要频繁地对地籍资料进行变更。因此，地籍控制点的密度与测区的大小、测区内的界址点总数和要求的界址点精度有关，地籍控制点最小密度应符合《城市测量规范》(CJJ/T 8—2011)的要求。但是，地籍控制点的密度与测图比例尺无直接关系，这是因为，在一个区域内，界址点的总数、要求的精度和测图比例尺都是固定的，必须优先考虑要有足够的地籍控制点来满足界址点测量的要求，再考虑测图比例尺所要求的控制点密度。地籍控制点埋石的密度同样遵循以上原则。

为满足日常地籍管理的需要，在城镇地区，应对一、二级地籍控制点全部埋石。在通常情况下，地籍控制网点的密度为：①城镇建城区，每100～200 m布设二级地籍控制点；②城镇稀疏建筑区，每200～400 m布设二级地籍控制点；③城镇郊区，每400～500 m布设一级地籍控制点。

在旧城居民区，内巷道错综复杂，建筑物多而乱，界址点非常多，在这种情况下应适当地增加控制点和埋石的密度、数目，才能满足地籍测量的需求。

(3)各级控制网要有统一的规格。根据《城镇地籍调查规程》(TD 1001—1993)和测区的实际情况，制定出“技术设计书”，对整个测区控制网的布网精度及方法应作出明确的规定。在获得批准后，应严格按章作业。

(4)地籍基本控制网的布设应考虑发展规划区，地籍图根控制要考虑日常地籍工作的需要。基本控制网的布设不仅在城镇建成区进行，应尽可能地覆盖该城镇中、长期规划区域。应优先以GPS网形式布设，特殊情况下也可用导线网、边角网或三角网等地面控制网布设方法。而地籍图根控制不仅要为当前的地籍细部测量服务，同时还要为日常地籍管理(各种变更地籍测量、土地有偿使用过程中的测量等)服务，因此地籍图根控制点原则上应埋设永久性或半永久性标志。地籍图根控制点在内业处理时，应有示意图、点之记描述。

(5)地籍基本(首级)控制网应一次性全面布设。测区的首级控制网应一次性布设，加密网可根据情况分期分区布设。

三、地籍控制测量的精度

地籍控制测量的精度是以界址点的精度和地籍图的精度为依据而制定的。根据《地籍测绘规范》(CH 5002—1994)规定，地籍控制点相对于起算点中误差不超过±0.05 m。地籍图根控制点的精度与地籍图的比例尺无关。地形图根控制点的精度一般用地形图的比例尺精度来要求(地形图根控制点的最弱点相对于起算点的点位中误差为0.1 mm×M)。界址点坐标精度通常以实地具体的数值来标定，而与地籍图的比例尺精度无关。一般情况下，界址点坐标精度要等于或高于其地籍图的比例尺精度，如果地籍图根控制点的精度能满足界址点坐标精度的要求，则也能满足测绘地籍图的精度要求。

四、地籍控制点之记和控制网略圈

地籍控制点若需要作永久性保存的就必须在地上埋设标石(或标志)。基本控制点的标石往往埋设在地表之下(称暗标石)而不易被发现。一、二级地籍控制点的标石的大部分被埋设在地表之下，在地表的上面仅留有很少一点(约2 cm高)。为了今后应用控制点寻找方便，必须在实地选点埋石后，对每一控制点填绘一份点之记。所谓点之记，一般来说，就是用图示和文字描述控制点位与四周地形和地物之间的相互关系，以及点位所处的地理位置的文件，该文件属上交资料。

为了更好地了解整个测区地籍控制网点的分布情况，检查控制网布网的合理性和控制点分布等情况，必须绘制测区控制网略图。控制网略图就是在一张标准计算用纸(方格纸)上，选择适当的比例尺(以能将整个测区画在其内为原则)，按控制点的坐标值直接展绘纸上，然后用不同颜色或不同线型的线条画出各等级的网形。控制网略图要做到随测随绘，也就是当完成某一等级控制测量工作后，立即按点的坐标展出，再用相应的线条连接，这样不断地充实完成。地籍控制测量工作完成，控制网略图也相应地完成。

地籍控制网略图是上交资料之一，无论测区大小都要做好这项工作。

第二节　地籍测量坐标系

凡是用来确定地面点的位置和空间目标的位置所采用的参考系都称为坐标系。由于使用目的不同，所选用的坐标系也不同。与地籍测量密切相关的有大地坐标系(俗称地理坐标系)、高斯平面直角坐标系和高程系。

一、大地坐标系

大地坐标系是以参考椭球面为基准的，其两个参考面为：一个是通过英国格林尼治天文台与椭球短轴(即旋转轴)所作的平面(即子午面)，称为起始子午面(见图4-1中的P_1GP_2平面)，它与椭球表面的交线称为子午线；另一个是过椭球中心O与短轴相垂直的平面，即

Q_1EQ_2 平面，称为赤道平面。

过地面点 P 的子午面与起始子午面之间的夹角，称为大地经度，用 L 表示，并规定以起始子午面为起算，向东量取为东经（正号），由 0°到＋180°；向西量取为西经（负号），由 0°到－180°。

地面点 P 的法线（过 P 点与椭球面相垂直的直线）与赤道平面的交角，称为大地纬度，用 B 表示，并规定以赤道平面为起算，向北量取为北纬（正号），由 0°到＋90°；向南量取为南纬（负号），由 0°到－90°。

地面点 P 沿法线方向至椭球面的距离，称为大地高，用 h 表示。

例如，$P(L,B,h)$ 表示地面点 P 在空间的位置。

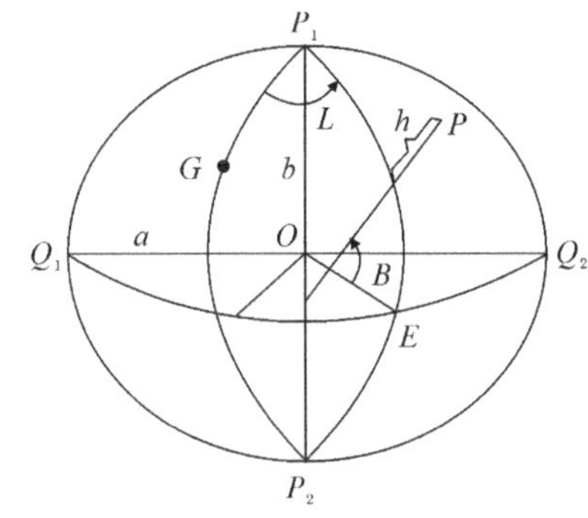

图 4－1　大地坐标系

二、高斯平面直角坐标系

将旋转椭球当作地球的形体，球面上点的位置可用大地坐标（L，B）来表示。球面是不可能没有任何形变而展开成平面的，而在地籍测量中，如地籍图，往往需要用平面表示，因此就存在如何将球面上的点转换到平面上去的问题。解决的方法就是通过地图投影方法将球面上的点投影到平面上。地图投影的种类很多，地籍测量主要选用高斯一克吕格投影（简称高斯投影），以高斯投影为基础建立的平面直角坐标系称为高斯平面直角坐标系。

（一）高斯平面直角坐标系的原理

高斯投影就是运用数学法则，将球面上点的坐标（L，B）与平面上坐标（X，Y）之间建立起一一对应的函数关系，即

$$\left.\begin{aligned} X &= f_1(L,B) \\ Y &= f_2(L,B) \end{aligned}\right\} \tag{5-1}$$

从几何概念来看，高斯投影是一个横切椭圆柱投影。将一个椭圆柱横套在椭球外面（见图 4－2），使椭圆柱的中心轴线 QQ_1 通过椭球中心 O，并位于赤道平面上，同时与椭球的短轴（旋转轴）相垂直，而且椭圆柱与球面上一条子午线相切。这条相切的子午线称中央子午线（或称轴子午线）。过极点 N（或 S）沿着椭圆柱的母线切开便是高斯投影平面（见图 4－3）。中央子午线和赤道的投影是两条互相垂直的直线，分别为纵轴（X 轴）和横轴（Y 轴），于是就建立起高斯平面直角坐标系。其余的经线和纬线的投影均是以 X 轴和 Y 轴为对称轴的对称

曲线。

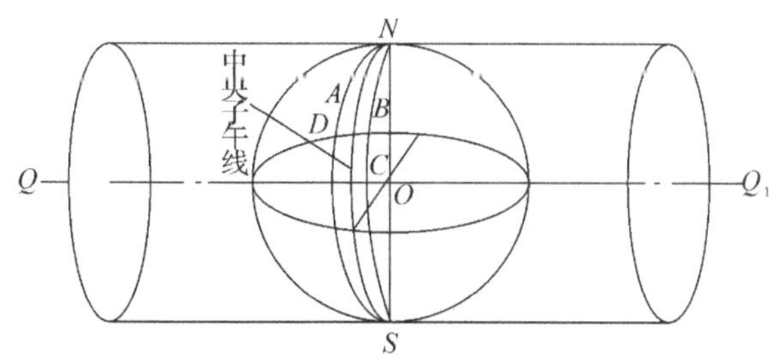

图 4－2　横切椭圆柱投影图

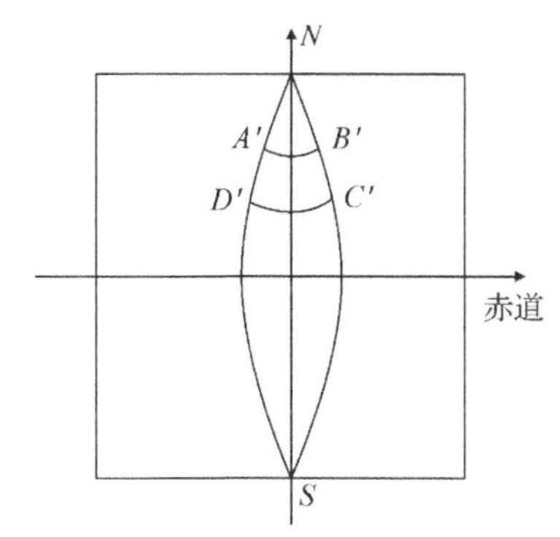

图 4－3　高斯投影平面

(二)高斯投影带的划分

高斯投影属等角(或保角)投影，即投影前、后的角度大小保持不变，但线段长度(除中央子午线外)和图形面积均会产生变形，离中央子午线愈远，则变形愈大。变形过大将会使地籍图发生“失真”，因而失去地籍图的应用价值。为了避免上述情况的产生，有必要把投影后的变形限制在某一允许范围之内。常采用的解决方法就是分带投影，即把投影范围限制在中央子午线两旁的狭窄区域内，其宽度为 6°，3°或 1.5°。该区域即被称为投影带。如果测区边缘超过该区域，就使用另一投影带。

国际上统一分带的方法是：自起始子午线起向东每隔 6°分为一带。这称为 6°带，按 1，2，3，…顺序编号(即带号)。各带中央子午线的经度 L_0 按公式 $L_0=6\times N-3$ 计算，其中 N 为带号。

经差每 3°分为一带，称为 3°带。它是在 6°带基础上划分的，就是 6°带的中央子午线和边缘子午线均为 3°带的中央子午线。3°带的带号是自东经 1.5°起，每隔 3°按 1，2，3，…顺序编号，各带中央子午线的经度与带号 n 的关系式为 $L_0=3\times n$。

若某城镇地处两相邻带的边缘，也可取城镇中央子午线为中央子午线，建立任意投影带，这样可避免一个城镇横跨两个带，同时也可减少长度变形的影响。

每一投影带均有自己的中央子午线、坐标轴和坐标原点，形成独立的但又相同的坐标系统。为了确定点的唯一位置并保证 Y 值始终为正，则规定在点的 Y 值(自然值)上加 500 km，再在它的前面加写带号。例如某控制点的坐标(6°带)为 $X=47\ 156\ 324.536$ m，

Y=21 617 352.364 m，根据上述规定可以判断该点位于第21带，Y值的自然值是117 352.364m，为正数，该点位于X轴的东侧。

分带投影是为了限制线段投影变形的程度的，但却带来了投影后带与带之间不连续的缺陷。同一条公共边缘子午线在相邻两投影带的投影则向相反方向弯曲，于是，位于边缘子午线附近的分属两带的地籍图就拼接不起来。为了弥补这一缺陷，规定在相邻带拼接处要有一定宽度的重叠。重叠部分以带的中央子午线为准，每带向东加宽经差30°，向西加宽经差7.5′，相邻两带就是经差为37.5′宽度的重叠部分。

位于重叠部分的控制点应具有两套坐标值，分属东带和西带，地籍图、地形图上也应有两套坐标格网线，分属东、西两带。这样，在地籍图、地形图的拼接和使用，控制点的互相利用以及跨带平差计算等方面都是方便的。

(三)平面坐标转换

坐标转换是指某点位置由一坐标系的坐标转换成另一坐标系的坐标的换算工作，也称为换带计算。它包括6°带与6°带之间、3°带与3°带之间、3°带与6°带之间，以及3°(6°)带与任意投影带之间的坐标转换。

坐标转换计算(也称换带计算)利用高斯正、反算公式(即高斯投影函数式)进行。具体做法是：先根据点的坐标值(X,Y)，用投影反算公式计算出该点的大地坐标值(L,B)，再应用投影正算公式换算成另一投影带的坐标值(x',y')。

三、高程系

在通常的情况下，地籍测量的地籍要素是以二维坐标表示的，不必测量高程。但《地籍测量规程》规定，在某些情况下，土地管理部门可以根据本地实际情况，要求在平坦地区测绘一定密度的高程注记点，或者要求在丘陵地区和山区的城镇地籍图上表示等高线，以便使地籍成果更好地为经济建设服务。

一个国家确定的某一个验潮站所求得的平均海水面，即大地水准面，将作为全国高程的统一起算面——高程基准面。我国1957年确定了青岛验潮站为我国的基本验潮站，并以该站1950年至1956年7年间的潮汐资料求得平均海水面，作为我国高程基准面，并命名为“1956年黄海高程系统”，水准原点位于青岛附近，青岛水准原点高程为72.289 m。全国各地的高程都是以它为基准测算出来的。“1956年黄海高程系统”所确定的高程基准面，在历史上曾起到了统一全国高程的重要作用。

但是，“1956年黄海高程系统”限于当时采用的验潮资料时间较短等历史条件，并不十分完善。因此又根据青岛验潮站1952年至1979年之间20多年的验潮资料重新计算确定了平均海水面，以此重新确定的新的国家高程基准称为“1985国家高程基准”，并于1987年开始启用。“1985国家高程基准”水准原点高程为72.260 m，水准原点与“1956年黄海高程系统”相同。

两个高程基准相差0.029 m，这对于地形图上测绘的等高线基本无影响。

四、地籍测量平面坐标系的选择

(一)1954年北京坐标系

1954年北京坐标系在一定意义上可看成是苏联1942年坐标系的延伸，是一个参心(坐标原点为参考椭球中心)大地坐标系。

1954年北京坐标系的建立方法是，依照1953年我国东北边境内若干三角点与苏联境内的大地控制网连接，将其坐标延伸到我国，并在北京市建立了名义上的坐标原点，并定名为“1954年北京坐标系”。以后经分区域局部平差，扩展、加密而遍及全国。因此，1954年北京坐标系，实际上是苏联1942年坐标系，原点不在北京，而在苏联的普尔科沃。

1954年北京坐标系采用了克拉索夫椭球元素(a=6 378 245 m，α=1/298.3)。

几十年来，我国按1954年北京坐标系建立了全国大地控制网，完成了覆盖全国的各种比例尺地形图，满足了经济、国防建设的需要。

由于各种原因，1954年北京坐标系存在如下主要缺点和问题。

(1)克拉索夫斯基椭球体长半轴(a=6 378 245 m)比1975年国际大地测量与地球物理联合会推荐的更精确地球椭球长半轴(a=6 378 140 m)长105 m。

(2)1954年北京坐标系所对应的参考椭球面与我国大地水准面存在着自西向东递增的系统性倾斜，高程异常(大地高与海拔高之差)最大为+65 m(全国范围平均为29 m)，且出现在我国东部沿海经济发达地区。

(3)提供的大地点坐标，未经整体平差，是分级、分区域的局部平差结果。这使点位之间(特别是分别位于不同平差区域的点位)的兼容性较差，影响了坐标系本身的精度。

(二)1980年西安坐标系

针对1954年北京坐标系的缺点和问题，1978年我国决定建立新的国家大地坐标系，该坐标系统取名为1980年国家大地坐标系。大地坐标是原点设在处于我国中心位置的陕西省泾阳县永乐镇，它位于西安市西北方向约60 km处，简称西安原点。

1980年国家大地坐标系有下列主要优点。

(1)地球椭球体元素，采用1975年国际大地测量与地球物理联合会推荐的更精确的参数，其中主要参数为：长半轴a=6 378 140 m；短半轴b=6 356 755.29；扁率α=1/298.257。

(2)椭球定位按我国范围高程异常值平方和最小为原则求解参数，椭球面与我国大地水准面获得了较好吻合。高程异常平均值由1954年北京坐标系的29 m减至10 m，最大值出现在西藏的西南角(+40 m)，全国广大地区多数在15 m以内。

(3)全国整体平差，消除了分区局部平差对控制的影响，提高了平差结果的精度。

(4)大地原点选择在我国中部，缩短了推算大地坐标的路程，减少了推算误差的积累。

不可否认，建立1980年国家大地坐标后，也带来了新的问题和附加工作。其主要体现在地形图图廓线和方里网线位置的改变，改变大小随点位而异，对我国东部地区其变化最大约为80 m，平均约为60 m。图廓线位置的改变，使新旧地形图接边时产生裂隙。如80 m的变化，在1∶50 000地形图上表现为1.6 mm，在1∶10 000地形图上表现为8 mm。方里线位置的改变,不仅与坐标系的变化有关,而且还将包括椭球参数的改变所带来的投影后平面坐标变化的影响。

(三)新 1954 年北京坐标系

由于 1980 年西安坐标系与 1954 年北京坐标系的椭球参数和定位原点均不同,因而大地控制点在两坐标系中的坐标存在较大差异,最大的达 1°以上,这将引起成果换算的不便和地形图图廓和方格线位置的变化,且已有的测绘成果大部分是 1954 年北京坐标系下的。因此,作为过渡,产生了所谓的新 1954 年北京坐标系。

新 1954 年北京坐标系是通过将 1980 年西安坐标系的三个定位参数平移至克拉索夫斯基椭球中心,长半径与扁率仍取克拉索夫斯基椭球几何参数确定的数据,而定位与 1980 年大地坐标系相同(即大地原点相同),坐标值与旧 1954 年北京坐标系的坐标接近。

(四)2000 年国家大地坐标系

坐标系均以适合本国的参考椭球体与某点重合的大地体相切的点作为原点,这种坐标系称为参心坐标系。20 世纪八九十年代以来,国际上通行以地球质量中心作为坐标系原点。采用以地球质心为大地坐标系的原点,此时的坐标系又称为质心坐标系,它可以更好地阐明地球上各种地理和物理现象,特别是空间物体的运动。现在利用空间技术所得到的定位和影像等成果,都是以地心坐标系为参照系。采用地心坐标系可以充分利用现代最新科技成果,为国家信息现代化服务。

随着改革开放不断深入,我国也提出了直接采用地心坐标系的需求。2008 年 3 月,由国土资源部正式上报国务院《关于中国采用 2000 年国家大地坐标系的请示》,并于 2008 年 4 月获得国务院批准。自 2008 年 7 月 1 日起,我国全面启用 2000 年国家大地坐标系(China Geodetic Coordinate System 2000,CGCS 2000)。

(四)任意投影带独立坐标系

当测区(城、镇)地处投影带的边缘或横跨两带时,长度投影变形一定较大或测区内存在两套坐标,这将给使用造成麻烦,这时应该选择测区中央某一子午线作为投影带的中央子午线,由此建立任意投影带独立坐标系。这既可使长度投影变形小,又可使整个测区处于同一坐标系内,无论对提高地籍图的精度,还是对于拼接及使用,都是有利的。

(五)独立平面直角坐标系

在不具备经济实力而又要快速完成本地区的地籍调查和测量工作的条件下,可考虑建立独立平面坐标系,建立方法如下。

1. 起始点坐标的确定

(1)在图上量取起始点平面坐标。先准备一张 1∶10 000(或 1∶25 000)的地形图,在图上标绘出要进行地籍测量的区域。在此区域内选择一适当的特征点,例如主要道路交叉点或某一固定地物,作为起始待定点,然后对实地进行勘察,认为可行后,做好长期保存的标志,并给予编号。回到室内后，在地形图上量取该点的纵横坐标作为首级控制网的起始点坐标。

(2)假定坐标法。如果在地籍测量区域收集正规分幅的地形图有困难，也可直接假定起始点坐标。例如，计划施测九峰乡全乡宅基地地籍图，以便核发土地使用证，经研究确定采用独立坐标系。在实地踏勘后，认为该区域西南角之水塔作为坐标起始点较为合适，并令它的坐标值为 $X=1\ 000.00$，$Y=2\ 000.00$。数值是任意假定的，但必须注意，用它发展该地区的控制点和界址点，应不使其坐标出现负值。

(3)采用交会或插点的方法确定原点坐标。在施测农村居民地地籍图中，一般使用岛图形式，并不要求大面积拼接。因此，当本地无起始点，而在几千米范围内找得到大地点时，可采用交会或插点的方法确定一点的坐标，做好固定标志后，用它作为该地独立坐标系的起始点，这样既经济又简便。

2.起始方位角的确定

由坐标计算基本原理可知，假定了一点的坐标后，还必须有一个起始方位角和一条起始边，方能发展新点，进行局部控制测量。起始边长用红外测距仪测距或钢尺量距(具体方法见测量学方面的教材)，而方位角可由以下几种方法确定。

(1)量算方位角。在准备好的地形图上标出起始点和第一个未知点，用直线连接两点，过 A 点作坐标纵线，将透明量角器置于其上，测出其夹角 $\angle UAB$ 即可。

(2)磁方位角计算法。在起始点 A 设置带有管状罗针的经纬仪(或罗盘仪)，按有关测量学教材的方法测出磁北 M 至 B 点的磁方位角 m，然后按下式计算出方位角 α：

$$\alpha = m + \delta - \gamma - \Delta\gamma \tag{5-2}$$

式中 α——磁偏角，可从地磁偏角等线图上查取；

γ——子午线收敛角，可用该地的经纬度计算；

$\Delta\gamma$——罗针改正数，用作业罗针与标准罗针比较而得，当定向角的精度要求不高或罗针磁性较强时可省略此项。

五、不同坐标系统之间的转换

1954 年北京坐标系、1980 年西安坐标系和 WGS84 坐标系统由于参考椭球和基准面不一样，没有现成的严密的公式来进行转换。地方独立坐标系统与上述坐标系统如果没有严密的数学关系，也只能按照下述方法来进行。

坐标系之间的转换一般采用七参数法或三参数法，其中七参数为 X 平移、Y 平移、Z 平移、X 旋转、Y 旋转、Z 旋转，以及尺度比参数，若忽略旋转参数和尺度比参数则为三参数方法，三参数法为七参数法的特例。具体做法就是选取几个同名点的不同坐标系统，然后推算出相关七参数或者三参数，这样就可以建立两个坐标系统之间的转换函数模型，从而进行两个系统之间的转换。这个转换函数模型可能只在一定范围内满足精度要求。

除了上述七参数和三参数模型外，现在也有人提出相关的改进模型，但其原理都一样。

第三节　地籍控制测量的基本方法

一、利用 GPS 定位技术布测城镇地籍基本控制网

(一)GPS 用于城镇地籍控制测量的可行性

在一些大城市中,一般已经建立城市控制网,并且已经在此控制网的基础上做了大量的测绘工作。但是,随着经济建设的迅速发展,已有控制网的控制范围和精度已不能满足要求,为此,迫切需要利用 GPS 定位技术来加强和改造已有的控制网作为地籍控制网。

(1)由于 GPS 定位技术的不断改进和完善,其测绘精度、测绘速度和经济效益,都大大地优于目前的常规控制测量技术,GPS 定位技术可作为地籍控制测量的主要手段。

(2)对于边长小于 8～10 km 的二、三、四等基本控制网和一、二级地籍控制网的 GPS 基线向量,都可采用 GPS 快速静态定位的方法。由试验分析与检测证明,应用 GPS 快速静态定位方法,施测一个点的时间从几十秒到几分钟,最多十几分钟,精度可达到 1～2 cm,完全可以满足地籍控制测量的需求,可以成倍地提高观测时间和经济效益。

(3)建立 GPS 定位技术布测城镇地籍控制网时,应与已有的控制点进行联测,联测的城镇控制点不能少于两个。

二、利用已有城镇基本控制网

(1)凡符合 1985 年颁布的《城市测绘规范》要求的二、三、四等城市控制网点和一、二级城市控制网点都可利用。

(2)对已布设二、三、四等城市控制网而未布设一、二级控制网的地区,可以加密一级或二级地籍控制网。

(3)对已布设有一级城市控制网的地区,可以加密二级地籍控制网。

(4)在利用已有控制成果时,应对所利用的成果有目的地进行分析和检查。在检查与使用过程中,如发现有过大误差,则应进行分析,对有问题的点(存在粗差、点位移动等),可避而不用。

三、一、二级导线地籍控制网的布设

目前,各大中城市所建立的质量良好的城市控制网,基本能满足建立地籍控制网的需要。可直接在城市控制网的基础上进行一、二级地籍控制测量。

四、图根控制测网

(一)图根地籍控制网的布设

城镇地籍测绘中控制网的布设,重点是保证界址点坐标的精度,界址点坐标的精度有了保证,地籍图的精度自然也就得到了保证。目前一、二级导线的平均边长都在 100 m 以上,这样的控制点密度用于测定复杂、隐蔽的居民地的界址点,势必要做大量的过渡点(多为支导线形式),不但工作量大,作业效率低,在精度方面也不能保证。因此,经济而又可靠的方

法是布网时增加控制点的密度。可在二级导线以下，根据实际需要布设适合的图根导线进行加密。图根导线的测量方法有闭合导线、附合导线、无定向附合导线、支导线等。在首级控制许可的情况下，尽可能采用附合导线和闭合导线，但如果控制点遭到破坏，不能满足要求，可考虑无定向附合导线、支导线。

图根导线的边长已充分考虑复杂居民点的实际情况，目的是在控制点上能够直接测到界址点，对于特别隐蔽的地方，界址点离开控制点的距离也会约束在较短的范围内。

（二）无定向导线

由于在日常地籍工作中，一些地籍要素需要经常测绘，而且当城镇原有的地籍控制点被严重破坏时，很难找到两个能相互通视的点，如果在加密控制点时仍然采用附（闭）合导线或附（闭）合导线（网）或支导线，势必会增加费用，延长时间，难以及时满足变更地籍测绘的要求。虽然无定向导线（见图 4－4）也是一种控制加密手段，但与其他种类的导线相比，却存在精度难以估算、检核条件少等问题，故在一些测绘规范中并未作为一种加密方法被提及。随着测角、测距技术和仪器的发展，在满足一定条件下，也可布设无定向导线。

图 4－4　无定向导线的一般形式

无定向导线检核条件少，在具体应用时要求注意如下几点：

（1）首先对高级点作仔细检测，确认点号正确，点位未动时方可使用。

（2）应采用高精度仪器作业。

（3）无定向导线中无角度检核，因此在进行角度测绘时应特别当心。一般来说，转折角应盘左和盘右观测，距离应往返测，并保证误差在相应的限差范围内。

（4）无定向单导线有一个多余观测，即有一个相似比 M，规定 $|1-M|<10\%$ 的无定向导线才是合格的。

（5）对无定向导线采用严密平差软件或近似平差软件进行平差计算，软件中最好有先进的可靠性分析功能。

（三）支导线的运用

在实际工作中，支导线的应用非常普遍。在一些较隐蔽处，支导线的边数可能达到三条或更多，因缺乏检核条件致使支导线出现粗差和较大误差且不能及时发现时，会造成返工，给工作带来损失。因此，应加强对支导线的检核，采取一些措施保证支导线的精度，从而保证界址点的测量精度。

1. 闭合导线法

如图 4－5 所示，M、N、Q 为已知点，为求出界址点 B 的坐标，首先要求出 A 点的位置。P_1，P_2，P_3，P_4，P_5 为只起连接作用的导线点，且 P_1 与 P_2，P_4 与 P_5 的距离很近。导线点观

测顺序为 M、P_1，P_2，P_3，P_5，P_4，P_5，A，类似闭合导线的观测方法，但又与闭合导线的观测顺序不同。观测结束后，按闭合导线 $M-P_1-P_2-P_3-P_5-A-P_4-P_3-P_2-M$ 计算。这时 R 可以得到两组坐标，起到一种检核作用。然后根据 A 的坐标可以很方便地求出界址点 B 的坐标。这种方法虽然增加一点外业工作量，但较好地解决了位于隐蔽处界址点的施测问题，同时导线点也得到了检核和精度保证。

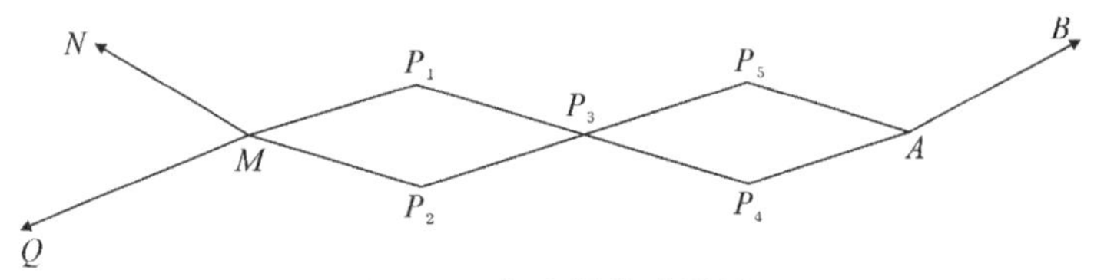

图 4－5　闭合导线法图示

2. 利用高大建筑物检核

高大建筑物，如烟囱、水塔上的避雷针和高楼顶上的共用天线等，在地籍控制测绘中有很好的控制价值。作业时，高大建筑物的交会随首级地籍控制一次性完成，这样做工作量增加不多。用前方交会求出高大建筑物上的避雷针等的平面位置后，即可按下面的方法施测支导线。

3. 双观测法

如图 4－6 所示，因受地形条件的限制，布设支导线时，可布设不多于 4 条边、总长不超过 200 m 的支导线。为了防止在观测中出现粗差并提高观测的精度，支导线边长应往返观测，应分别对左、右角各测一回角度，其测站圆周角闭合差不应超过 40″。此法在计算中容易出现错误，因此在计算各导线点的坐标时一定要认真检查，仔细校核，尤其在推算坐标方位角时更要细心。

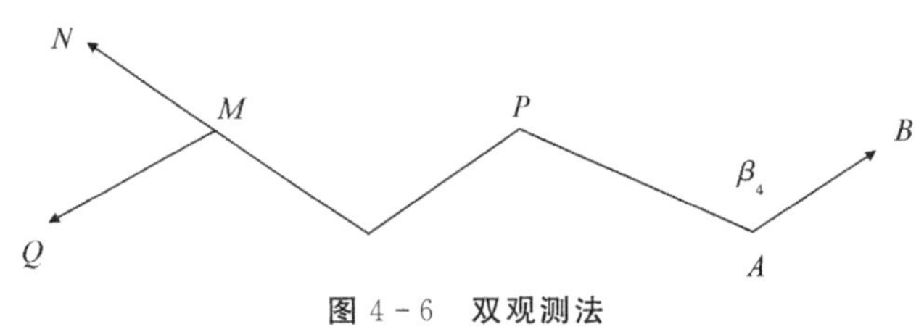

图 4－6　双观测法

第五章　数字地籍测量

数字地籍测量是完成地籍调查与地籍控制测量后进行的一项重要工作，其主要任务是利用数字化数据采集的方法测定界址点坐标和地籍地形要素。

第一节　地籍勘丈概述

一、地籍勘丈的目的

地籍勘丈是地籍调查中不可分割的组成部分，一般应在地籍平面控制测量基础上进行。其目的是核实宗地权属界址点和土地权属界线的位置，掌握宗地土地利用状况，通过测量获得宗地的坐标、形状及面积数据，为土地登记、核发土地权属证书奠定基础，为依法管理土地提供相关的信息和凭证。

随着人口的不断增加、经济的迅速发展，各方面的土地需求与日俱增，在土地使用权、土地所有权以及使用土地面积、数量等方面的纠纷时有发生。因此，准确地确定每宗地界址点的位置与形状，掌握土地的数量及其在国民经济各部门、各权属单位的分配状况，以及土地质量和使用状况，是珍惜每寸土地、合理使用土地、调处土地纠纷、依法科学管理土地的一项基本任务，是搞好土地管理工作的重要措施。

二、地籍勘丈的内容

地籍勘丈的内容包括 3 个方面，分别是土地权属界址点及其他地籍要素平面位置的勘丈、地籍图的编制和面积量算。土地权属界址点的勘丈是确定宗地界址点的位置，设置界桩并测定其坐标。其他地籍要素包括地面建筑物、构筑物、河流、沟渠、湖泊、道路等，需通过测量的方法确定其平面位置，并以图的形式表示出来。

地籍图的编制包括基本地籍图绘制和宗地图的制作。城镇基本地籍图图幅规格为 40 cm×50 cm 的矩形图幅或 50 cm×50 cm 的正方形图幅。地图比例尺根据城镇的大小或复杂程度的不同，可分别采用 1∶500，1∶1 000 或 1∶2 000。图上的内容包括各级行政界线、地籍平面控制点、地籍编号、宗地界址点及界址线、街道名称、门牌号、土地使用单位名称、河流和湖泊名称、必要的建筑物、构筑物、地类号、宗地面积等。宗地图是土地证和宗地档案的附图，一般用 32 开、16 开、8 开纸。宗地图从基本地籍图上摹绘或复制，宗地过大或过小时，可调整比例尺绘制。宗地图上内容包括本宗地号、地类号、宗地面积、界址点及界址号、界址边长、邻宗地使用者名称、邻宗地号及邻宗地界址示意线等。

面积量算工作包括量算出每宗地的实地面积，并以街道为单位进行宗地面积汇总，统计出各类土地面积。

三、地籍勘丈的基本精度要求

地籍勘丈的基本精度要求包括界址点的精度要求、地籍原图的精度要求和面积量算的精度要求。

1. 界址点的精度要求

表5-1所示为界址点的精度指标及适用范围。表中，界址点对邻近图根点点位误差系指用解析法勘丈界址点应满足的精度要求；界址点间距允许误差及界址点与邻近地物点关系距离允许误差指各种方法勘丈界址点应满足的精度要求。

表5-1　界址点精度指标及适用范围

类别	界址点对邻近图根点点位误差/cm		界址点间距允许允许误差/cm	界址点与邻近地物点关系距离允许误差/cm	适用范围
	中误差	允许误差			
一	±5	±10	±10	±10	城镇街坊外围界址点及街坊内明显的界址点
二	±7.5	±15	±15	±15	城镇街坊内部隐蔽的界址点及村庄内部界址点

2. 地籍原图的精度要求

(1)图上相邻界址点间距、界址点与邻近地物点间关系距离的中误差不得大于0.3 mm。依勘丈数据转绘的上述距离误差在图上不得大于0.3 mm。

(2)宗地内部与界址边不相邻的地物点，不论采用何种方法勘丈，其点位中误差不得大于0.5 mm；邻近地物点间距中误差在图上不得大于0.4 mm。

(3)地籍原图的内图廓长度误差不得大于0.2 mm，内图廓对角线误差不得大于0.3 mm。

(4)图廓点、控制点和坐标网的展点误差不得超过0.1 mm，其他解析坐标点的展点误差不得超过0.2 mm。

3. 面积量算的精度要求

(1)以图幅理论面积为首级控制面积，图幅内各街坊及其他区块面积之和与图幅理论面积之差应小于$\pm 0.0025\rho$(ρ为图幅理论面积)。

(2)用平差后的街坊面积去控制街坊内各宗地面积时，用解析法量算街坊内各宗地面积之和与该街坊的面积之差应小于1/200，用图解法量算应小于1/100。

(3)在地籍原图上量算面积时，两次量算的误差应满足下面的公式：

$$\Delta\rho \leqslant 0.0003M$$

式中　$\Delta\rho$——量算面积误差；

M——地籍原图比例尺分母。

第二节　界址点及其地籍要素的测量

一、准备工作

界址点测量前的准备工作包括如下几点。

1. 界址点位的资料准备

在土地权属调查时所填写的地籍调查表详细地说明了界址点实地位置的情况，并丈量了大量的界址边长，草编了宗地号，详细绘有宗地草图。这些资料都是进行界址点测量所必需的。

2. 划分测量小组作业范围

当一个测区较大时，特别是多个作业组同时作业时，为避免重测、漏测，并对所测数据进行及时处理，一般要将测区按地籍权属调查划分好的街坊分成若干区域（分区），然后确定每个作业小组所要测的分区。一般是一个街坊为一个分区，当街坊很大时，也可按自然地物的边界在一个街坊内分成几个区。由于数字测图外业并不以图幅为单位进行，如果不将测区分成若干分区，将给内业处理带来很大困难。若将测区分为若干分区，则在完成某一分区的测量后，就可对这一区域内数据进行处理。只要保证各相对独立的分区内数据正确，整个测区的数据准确度也能得到保证。分区的另一个好处是避免数据过大，使作业员能及时、有条理地进行外业和内业处理。对一个分区内的数据要求不能有重复点号，也就是说在一个分区内的所有测点（包括界址点和地物点等）的点号与实地是一一对应的关系，不允许实地一个点对应几个点号，或一个点号对应实地多个点。

3. 界址点位置野外踏勘

踏勘时应有参加地籍调查的工作人员引导，实地查找界址点位置，了解权属主的用地范围，并在工作图件（最好是现势性强的大比例尺图件）上用红笔清晰地标记出界址点的位置和权属主的用地范围。如无参考图件，则要详细画好踏勘草图。对于面积较小的宗地，最好能在一张纸上连续画出若干个相邻宗地的用地情况，并充分注意界址点的共用情况。对于面积较大的宗地，要认真地注记好四至关系和共用界址点情况。在画好的草图上标记权属主的姓名和草编宗地号。在未定界线附近则可选择若干固定的地物点或埋设参考标志，测定时按界址点坐标的精度要求测定这些点的坐标值，待权属界线确定后，可据此补测确认后的界址点坐标。这些辅助点也要在草图上标注。

另外，还要了解界址点和其他碎步点的分布和测定的难易程度，这有助于选择合适的测量方法。有些界址点处在开阔地，这类界址点可以用 RTK 进行测定；有些较为隐蔽的界址点可以利用 RTK 测定一组图根点，然后通过全站仪测定；对那些很隐蔽的界址点可以借助其与其他点、线间的几何关系来确定位置。

4.踏勘后的资料整理

这里主要是指草编界址点号和制作界址点观测及面积计算草图。进行地籍调查时，一般不知道各地籍调查区内的界址点数量，只知道每宗地有多少界址点，其编号只标志本宗地的界址点。因此，在地籍调查区内统一编制野外界址点观测草图，并统一编上草编界址点号，在草图上注记出与地籍调查表中相一致的实量边长及草编宗地号或权属主姓名，主要目的是为外业观测记簿和内业计算带来方便。

二、界址点的测量方法

测定界址点是地籍细部测量的核心工作。界址点测量方法一般有解析法和图解法两种。无论采用何种方法获得的界址点坐标，一旦履行确权手续，就成为确定土地权属主用地界址线的准确依据之一。界址点坐标取位至 0.01 m。

1.解析法

根据角度和距离测量结果按公式解算出界址点坐标的方法叫作解析法。地籍图根控制点及以上等级的控制点均可作为界址点坐标的起算点。可采用极坐标法、正交法、截距法、距离交会法等方法实测界址点与控制点或界址点与界址点之间的几何关系元素，按相应的数学公式求得界址点坐标。在地籍测量中要求界址点精度为±0.05 m 时必须用解析法测量界址点。所使用的主体测量仪器可以是光学经纬仪、全站型电子速测仪、电磁波测距仪、电子经纬仪或 GPS 接收机等。

2.图解法

在地籍图上量取界址点坐标的方法称作图解法。作业时，要独立量测两次，两次量测坐标的点位较差不得大于图上 0.2 mm，取中数作为界址点的坐标。采用图解法量取坐标时，应量至图上 0.1 mm。此法精度较低，适用于农村地区和城镇街坊内部隐蔽界址点的测量，并且是在要求的界址点精度与所用图解的图件精度一致的情况下采用。

三、野外观测成果的内业整理

界址点的外业观测工作结束后，应及时地计算出界址点坐标，并反算出相邻界址边长，填入界址点误差表中，计算出每条边的 Δ_1。如 Δ_1 的值超出限差，应按照坐标计算、野外勘丈、野外观测的顺序进行检查，发现错误及时改正。

当一个宗地的所有边长都在限差范围以内时才可以计算面积。

一个地籍调查区内的所有界址点坐标(包括图解的界址点坐标)经过检查都合格后，按界址点的编号方法编号，并计算全部的宗地面积，然后把界址点坐标和面积填入标准的表格中，整理成册。

四、界址点误差的检验

界址点误差包括界址点点位误差、界址间距误差。表 5-2 中 ΔS为界址点点位误差，

表5-3中的ΔS_1表示界址点坐标反算出的边长与地籍调查表中实量的边长之差，ΔS_2表示检测边长与地籍调查表中实量的边长之差。ΔS_1和ΔS_2为界址点间距误差。

表5-2　界址点坐标误差表

界址选点	测量坐标		检测坐标		比较结果		
	X/m	Y/m	X/m	Y/m	ΔX	ΔY	ΔS

表5-3　界址间距误差表

界址边号	实量边长/m	反算边长/m	检测边长/m	ΔS_1/cm	ΔS_2/cm	备注

第三节　地籍图的测绘

一、地籍图概述

(一)地籍图的概念

地籍图是按照特定的投影方法、比例关系和专用符号把地籍要素及其有关地物和地貌测绘在平面图纸上的图形，是地籍管理的基础资料之一。

地籍图既要准确、完整地表示基本地籍要素，又要使图面简明、清晰，便于用户根据图上的基本要素去增补新的内容，加工成用户各自所需的专用图。

(二)地籍图的种类

按表示的内容，地籍图可分为基本地籍图和专题地籍图；按城乡地域的差别，地籍图可分为农村地籍图和城镇地籍图；按地籍图的测量方法，地籍图可分为模拟地籍图和数字地籍图；按用途，地籍图可以分为税收地籍图、产权地籍图和多用途地籍图。

在地籍图集合中，我国现在主要测绘制作的有城镇分幅地籍图、宗地图、农村居民地地籍图、土地利用现状图、土地所有权属图等。

为了满足土地登记和土地权属管理需要，目前我国城镇地籍调查需测绘的地籍图有以下几种。

1. 宗地草图

宗地草图是描述宗地位置、界址点、线和相邻宗地关系的实地记录，在地籍调查的同时实地测绘，是处理土地权属的原始资料。宗地草图的特点是现场绘制、图形近似、不依比例尺、实地丈量注记的边长等。

2. 基本地籍图

基本地籍图是土地管理的专题图，它首先要反映包括行政界线、地籍街坊界线、界址点、界址线、地类、地籍号、面积、坐落、土地使用者或所有者及土地等级等地籍要素;其次要反映与地籍有密切关系的地物及文字注记,一般不反映地形要素。基本地籍图是依照规范、规程的规定,实施地籍测量的成果,是制作宗地图的基础图件。一般按矩形或正方形分幅的地籍图,又称分幅地籍图。

3. 宗地图

宗地图是描述宗地位置、界址点线和相邻宗地关系的实地记录,以宗地为单位绘制的地籍图,是土地证书及宗地档案的附图。宗地图按照宗地的大小确定其比例尺,且宗地图和基本地籍图上的内容必须统一。

(三)地籍图比例尺

地籍图需准确地表示土地权属界址及土地上附着物等的细部位置,为地籍管理提供基础资料。特别是地籍测量的成果资料将提供给很多部门使用,故地籍图应选用大比例尺进行成图。根据我国现状,要在短期内完成全国性的大比例尺地籍图的测图任务,显然是困难的。考虑到城乡土地经济价值的差别,农村地区地籍图的比例尺可比城市地籍图的比例尺小一些。

1. 选择地籍图比例尺的依据

《城镇地籍调查规程》对地籍图比例尺的选择规定了一般原则和范围。对于一个城镇而言,应选择多大的地籍图比例尺,必须根据以下的原则来考虑。

第一,繁华程度和土地价值。就土地经济而言,地域的繁华程度与土地价值是相关的,对于城市尤其如此。城市的商业繁华程度主要指商业和金融业发展状况,如西安市的东大街、上海市的南京路等是城市的商业中心。显然,城市黄金地段的土地是十分珍贵的,地籍图对宗地情况及地物要表示得十分详细和准确,就必须选择大比例尺图;反之,则可以选择小比例尺图。

第二,建筑物密度和细部详细度。一般来说,建筑物密度大,其比例尺可以大些,以便使各宗地能清晰地绘制于图上,不至于使图面负载过大,避免地物注记相互压盖。反之,建筑物密度小的地方,选择的比例尺就可小一些。另外,表示房屋细部详细程度与比例尺有关,比例尺越大,房屋的细微变化可表示得更清楚。如果比例尺小了,细小的部分无法表示,要么省略,要么综合,这就影响到房屋占地面积量算的准确性。

第三,地籍图的测量方法。按城镇地籍调查规程的规定,地籍测量采用模拟测图和数字测图方法。当采用数字地籍测量方法测绘地籍图时,界址点及其地物点的精度较高,面积精度也高,在不影响土地权属管理的前提下,比例尺可适当小一些。当采用传统的模拟法测绘地籍图(如平板仪测图)时,若实测界址点坐标,比例尺大则准确,比例尺小则精度低。

2. 我国地籍图的比例尺系列

目前,世界上各国地籍图的比例尺标准不一,选用的比例尺最大为1∶250,最小为1∶50 000。例如,日本规定城镇地区比例尺为1∶250～1∶5 000,农村城镇地区为1∶1 000～1∶5 000;德国规定城镇地区为1∶500～1∶1 000，农村地区为1∶2 000～1∶50 000。

根据我国的国情，我国地籍图比例尺系列一般规定为：城镇地区（指大、中、小城市及建制镇以上地区）地籍图的比例尺可选用1∶500，1∶1 000，1∶2 000，其基本比例尺为1∶1 000；农村地区（含土地利用现状图和土地权属界限图）地籍图的测图比例尺可选用1∶5 000，1∶10 000，1∶25 000或1∶50 000。

为了满足权属管理的需要，农村居民地及乡村集镇可测绘农村居民地籍图。农村居民地（或称宅基地）地籍图的测图比例尺可选用1∶1 000或1∶2 000。急用图时，也可编制任意比例尺的农村居民地地籍图。

（四）地籍图的分幅与编号

地籍图的分幅与编号，与相应比例尺地形图的分幅与编号方法相同，即1∶5 000和1∶10 000比例尺的地籍图，按国际分幅法划分图幅编号，而1∶500，1∶1 000，1∶2 000比例尺的地籍图，一般采用正方形分幅或长方形分幅。

若分幅地籍图的幅面采用50 cm×50 cm和50 cm×40 cm，分幅方法采用有关规范所要求的方法，以便于各种比例尺地籍图的连接。

二、地籍图的内容

地籍图上应表示的内容，一部分可通过实地调查得到，如地类编号、土地等级、土地质量、地籍编号、街道名称、单位名称、门牌号、河流及湖泊名称等；而另一部分则要通过测量得到，如各级行政界线、界址点坐标、必要的建筑物、构筑物及其他地籍、地形要素的位置等。

（一）对地籍图的要求

（1）地籍图应以地籍要素为基本内容，突出表示界址点、线。

（2）地籍图作为基础图件应有较高的数学精度和必需的数学要素。

（3）由于地籍图具有多种功能，因此必须表示基本的地理要素（如河流、交通、境界等）和表示与地籍有关的地物要素（如建筑物、构筑物等）。

（二）地籍图的内容

地籍图内容主要包括地籍要素、地物要素及数学要素。

1. 地籍要素

在地籍图上应表示的地籍要素包括各级行政界线、界址点、界址线、地籍号、地类号、坐落、土地使用者或所有者、土地等级和利用分类等，现分述如下。

（1）各级行政境界：不同等级的行政境界相重合时只表示高级行政境界，境界线在拐角处不得间断，应在拐角处绘出点或线。

（2）地籍区（街道）与地籍子区（街坊）界：地籍区（街道）是以市（县）行政建制区的街道办事处或乡（镇）的行政辖区为基础划定的；地籍子区（街坊）是根据实际情况有道路或河流等固定地物围成的包括一个或几个自然街坊或村镇所组成的地籍管理单元。

(3)宗地界址点与界址线:当图上两界址点间距小于 1 mm 时,用一个点的符号表示,但应正确表示界址线;当界址线与行政境界、地籍区(街道)界或地籍子区(街坊)界重合时,应结合现状地物符号突出表示界址线,行政界线可移位表示。

(4)地籍号注记:包括地籍区(街道)号、地籍子区(街坊)号、宗地号、房屋栋号,分别用大小不同的阿拉伯数字注记在所属范围内的适中位置,当被图幅分割时应分别进行注记。若宗地面积太小注记不下时允许移注在宗地外空白处并用指示线标明所注宗地。

(5)宗地坐落:由行政区名、街道名(或地名)及门牌号组成。门牌号除在街道首尾及拐弯处注记外,其余可跳号注记。

(6)土地利用分类代码:按二级分类注记。

(7)土地权属主名称:选择较大宗地注记土地权属主名称。

(8)土地等级:对已完成土地定级估价的城镇,在地籍图上绘出土地分级界线并注记出相应的土地级别代号。

2.地物要素

在地籍图上应表示的地物要素包括建筑物、道路、水系、地貌、土壤植被、注记等,现分述如下。

(1)作为界标物的地物(如围墙、道路、房屋边线及给类垣栅等)应表示。

(2)房屋及其附属设施:房屋以外墙勒脚以上以外围轮廓为准,正确表示占地状况,并注记房屋层数与建筑结构。装饰性或加固性的柱、垛、墙等不表示;临时性或已破坏的房屋不表示;墙体凸凹小于图上 0.2 mm 不表示;落地阳台、有柱走廊及雨篷、与房屋相连的大面积台阶和室外楼梯等应表示。

(3)工矿企业露天构筑物、固定粮仓、公共设施、广场、空地等绘出其用地范围界线,内置相应符号。

(4)铁路、公路及其主要附属设施(如站台、桥梁、大的涵洞和隧道的出入口)应表示,铁路路轨密集时可适当取舍。

(5)建成区内街道两旁以宗地界址线为边线,道牙线可取舍。

(6)城镇街巷均应表示。

(7)塔、亭、碑、像、楼等独立地物应择要表示,图上占地面积大于符号尺寸时应绘出用地范围线,内置相应符号或注记。公园内一般的碑、亭、塔等不可表示。

(8)电力线、通信线及一般架空管线不表示,但塔位占地面积较大的高压线及其塔位应表示。

(9)地下管线、地下室一般不表示,但大面积的地下商场、地下停车场及与他项权利有关的地下建筑应表示。

(10)大面积绿化地、街心公园、园地等应表示。零星植被、街旁行树、街心小绿地及单位内小绿地等可不表示。

(11)河流、水库及其主要附属设施(如堤、坝等)应表示。

(12)平坦地区不表示地貌,起伏变化较大地区应适当加注高程点。

(13)地理名称应适当注记。

3. 数学要素

在地籍图上应表示的数学要素包括大地坐标系、内外图廓线、坐标格网线及坐标注记、控制点点位及其注记、地籍图比例尺、地籍图分幅索引图、本幅地籍图分幅编号、图名及图幅整饰等内容。

三、地籍图的绘制

地籍图的绘制方法很多，传统的方法所制成的图都是模拟图，不便于管理和更新。目前数字图已基本取代了模拟图。现在应用于地籍方面的成图软件很多，本书以 CASS 地形地籍坐落成图软件为例说明其在地籍测量中的应用。

CASS 地形地籍坐落成图软件是基于 AutoCAD 平台技术的 GIS 前端数据处理系统，广泛应用于地形成图、地籍坐落成图、工程测量应用、空间数据建库等领域，全面面向 GIS，彻底打通数字化成图系统与 GIS 接口，使用骨架线实时编辑、简码用户化、GIS 无缝接口等先进技术。用 CASS 地形地籍坐落成图软件绘制地籍图，主要有以下 5 个步骤。

（一）生成平面图

CASS 地籍成图软件系统提供了“内外业一体化成图”“电子平板成图”和“老图数字化成图”等多种成图作业模式。根据测区的实际情况、现有资料等方面的情况，选择适当的方法，完成地籍成图区域的相应数字化图。

（二）生成权属信息数据文件

权属信息数据文件是包含有界址点坐标数据和宗地权属信息的文件，依据权属信息文件即可绘制出权属信息图。CASS 地籍成图软件系统提供以下 4 种方法建立权属信息文件。

1. 权属合并

权属合并是将含有宗地权属信息和按顺序排列的宗地界址点号的引导文件与外业实测的界址点坐标数据文件合并生成权属信息文件。权属引导文件可通过编辑文本文件的方式进行编辑。其格式如下：

宗地号，权利人，土地类别，界址点号，……，界址点号，E(一宗地结束)
宗地号，权利人，土地类别，界址点号，……，界址点号，E(一宗地结束)
E(文件结束)

2. 由图形生成权属

在外业完成地籍调查和测量后，得到界址点坐标数据文件和宗地的权属信息；在内业，可以用此功能完成权属信息文件的生成工作。

先用展点命令在屏幕上展绘出测点点号，再执行由图形生成权属命令，按照提示依次录入权属信息和界址点号来完成权属信息文件的建立。

3.用复合线生成权属

这种方法在一个宗地就是一栋建筑物的情况下特别适用，否则就需要先手工沿着权属线画出封闭复合线，再执行用复合线生成权属命令，选择相应的复合线按提示依次录入权属信息，即可建立权属信息文件。

4.用界址线生成权属

先在图上绘出界址线，可用“地籍成图”子菜单下“绘制权属线”生成。使用此功能时，系统会提示输入宗地边界的各个点。当宗地闭合时，系统将认为宗地已绘制完成，弹出对话框，要求输入宗地号、权属主、地类号等。输入完成后点“确定”按钮，系统会将对话框中的信息写入权属线。

权属线里的信息可以被读出来，写入权属信息文件，这就是由权属线生成权属信息文件的原理。

(三)绘权属地籍图

生成平面图之后，可以用手工绘制权属线的方法绘制权属地籍图，也可通过权属信息文件来自动绘制。

1.手工绘制

使用“地籍成图”子菜单下“绘制权属线”功能，并选择不注记，可以手工绘出权属线，这种方法最直观，权属线绘出后系统立即弹出对话框，要求输入属性，点“确定”按钮后系统将宗地号、权利人、地类编号等信息加到权属线里。

2.通过权属信息数据文件绘制

在绘图前可通过地籍参数设置来对成图参数进行设置。根据实际情况选择适合的注记方式，绘权属线时要作哪些权属注记(如要将宗地号、地类、界址点间距离、权利人等全部注记)，则在这些选项前的方格中打上钩。参数设置完成后，即可用已经建立的权属信息文件生成权属图。

(四)图形编辑

在生成权属以后，还可通过图形编辑功能修改图形，内容主要如下：①修改界址点点号；②重排界址点号；③界址点圆圈修饰；④界址点生成数据文件；⑤查找指定宗地和界址点；⑥修改界址线属性；⑦修改界址点属性。

(五)宗地属性处理

1.宗地合并

宗地合并每次将两宗地合为一宗。执行此功能后，按照提示依次选取两宗地的权属线即可将两宗地合并为一个宗地，其属性为第一宗地的属性，可通过修改宗地属性功能进行修改。

2. 宗地分割

宗地分割每次将一宗地分割为两宗地。执行此项工作前必须先将分割线用复合线画出来。执行此功能后，选择要分割宗地的权属线，再选择用复合线画出的分割线，这时原来的宗地自动分为两宗，但此时属性与原宗地相同，需要进一步修改其属性。

3. 修改宗地属性

执行此功能后按屏幕提示，选取宗地权属线或注记即可弹出对话框，这个对话框是宗地的全部属性，可进行修改。

4. 输出宗地属性

输出宗地属性功能可以将宗地信息输出到 ACCESS 数据库。

这样，经过检查、分幅等操作，一张地籍图就绘制好了。

四、宗地图的绘制

宗地图是土地使用证上的附图。用 CASS 地形地籍坐落成图软件绘制好地籍图之后，便可以绘制宗地图了。绘制宗地图可单块宗地绘制，也可批量绘制。在绘制宗地图之前要对宗地图进行参数设置。

五、界址点坐标数据及宗地面积统计汇总

绘制好地籍图之后，执行相应命令，系统会自动统计生成各种成果表。主要成果表如下：①宗地界址点成果表；②界址点坐标表；③以街坊为单位界址点坐标表；④以街道为单位宗地面积汇总表；⑤城镇土地分类面积统计表；⑥街道面积统计表；⑦街坊面积统计表；⑧面积分类统计表；⑨街道面积分类统计表；⑩街坊面积分类统计表。

第六章　遥感技术在地籍测量中的应用

本章主要讲述遥感的基本知识、航测法地籍控制测量的方法、航测法界址点坐标测量的方法和思路、利用遥感图像制作地籍图和宗地图的方法。

第一节　遥感技术概述

遥感技术是20世纪60年代兴起并迅速发展起来的一门综合性探测技术。随着航空航天技术、摄影技术、信息传输技术、信息处理技术等的飞速发展，遥感图像分辨率越来越高，遥感技术在各个领域得到了广泛应用。

一、遥感与遥感技术系统

（一）遥感的概念

简单地说，遥感就是遥远的感知。通常指空对地的遥感，即不直接接触物体本身，从远处通过仪器（传感器）探测和接收来自目标物体的信息（如电场、磁场、电磁波、地震波等信息），经过信息的传输及其处理分析，识别物体的属性及分布等特征。

（二）遥感技术系统

遥感技术是从不同高度的平台上，使用各种传感器，接收来自地球表层各类地物的各种电磁波信息，并对这些信息进行记录、传输、加工（分析）处理，从而对地物的属性进行识别的综合性技术。

根据遥感的含义，遥感技术系统应包括被测目标的信息获得、信息记录与传输、信息处理与信息应用。

被测目标物信息特征是指任何目标（如地籍测量中的河流、道路、房屋、围墙等）都具有不同的发射、反射和吸收电磁波的性质，它是遥感探测、识别目标物的依据。

目标物信息获得是将传感器装载在遥感平台上，根据生产和科研的需要，获得某地区地物、地形电磁辐射信息。传感器有扫描仪、摄影仪、摄像机、雷达等，遥感平台有遥感车辆、飞机、气球、卫星、宇宙飞船、航天飞机等。

信息的记录是将传感器获得目标物的电磁波信息记录在磁性介质上或胶片上。

信息的处理是指将记录在磁性介质或胶片上的信息进行一系列处理。如对记录在胶片上的信息进行显影、定影、水洗获得底片再经曝光印晒成图像，或对记录在磁性介质上的信息进行恢复、辐射校正、几何校正和投影变换等，变换成用户可使用的通用数据格式，或转换成模拟图像(记录在胶片上)供用户使用。

信息的应用是遥感的最终目的，在地籍测量中，就是利用通过遥感技术获得的图像，进行控制测量和地籍图绘制。

二、遥感的特点

(一)宏观性强

遥感图像是从不同高度的遥感平台上摄取的地面影像。一张比例尺1∶35 000的23 cm×23 cm的航空像片，可展示出地面超过60 km^2 范围的地面景观实况。一幅陆地卫星TM图像可反映出34 225 km^2(185 km×185 km)的景观实况。遥感技术为宏观研究各种现象及其相互关系提供了有利条件。

(二)外业工作量减少

与常规的地形测绘技术相比，外业工作量大大减少。对于常规地形测绘技术，虽然现在有了先进的测量仪器和技术(比如全站仪、GPS)，但所有点位必须逐点在外业测量，受外界环境影响较大。而遥感技术可借助微机和软件在室内对所获取的遥感信息进行分析处理和提取，制成各种图件，还可全天候作业，提高了成图速度和精度。

(三)信息量大

遥感所获得的信息量远远超过了用常规传统方法获得的信息量。遥感不仅能获得地物可见光波段的信息，而且可以获得紫外线、红外线、微波等波段信息。这无疑扩大了人们的观测范围和感知领域，加深了对事物的认识。

(四)获取信息快，更新周期短

遥感通常为瞬时成像，可获得同一瞬间大面积区域的景观实况，现势性好。地球资源卫星(如美国的Landsat、法国的SPOT和中国与巴西合作的CBERS)则分别以16 d、26 d或4～5 d对同一地区重复观测一次。通过不同时间对同一地区所获取的遥感信息进行对比，可了解地物动态变化情况。

(五)综合效益高

与传统的方法相比，遥感可以大大地节省人力、物力、财力和时间，具有很高的经济效益和社会效益。

三、遥感的分类

按不同的标准划分，遥感可分为不同的遥感类型。

1.按遥感平台分

(1)地面遥感：平台主要是距地面1～10 m的三角架、遥感车、舰船、塔等。地面遥感是遥感的基础。

(2)航空遥感:平台主要是距地面几公里至十几公里的飞机、气球。航空遥感是从空中对地面目标的遥感。它的特点是灵活性强、图像清晰、分辨率高。在地籍测量中,主要采用航空遥感。

(3)航天遥感:以距地面数百公里以外的卫星、火箭、航天飞机为平台,从外层空间对地球目标物进行的遥感。

2.按传感器探测的波段分

(1)紫外线遥感:收集与记录来自目标物的紫外线辐射能,目前还在探索阶段。

(2)可见光遥感:收集与记录来自目标物的可见光波段的辐射能量,所用传感器有摄影机、扫描仪、摄像仪等。

(3)红外遥感:收集与记录来自目标物的红外波段的辐射能量,所用传感器有摄影机、扫描仪等。

(4)微波遥感:收集与记录来自目标物的微波波段的辐射能量,所用传感器有扫描仪、微波辐射计、雷达、高度计等。

(5)多光谱遥感:把目标物辐射来的电磁辐射分割成若干个窄的光谱带,然后同步探测,同时得到一个目标物不同波段的多幅图像。现在使用的多光谱遥感传感器有多光谱摄影机、多光谱扫描仪和反束光导管摄像仪等。

3.按传感器工作方式分

(1)主动式遥感:使用人工辐射源从平台上先向目标物发射电磁波,然后接收和记录目标物反射或散射回来的电磁波,以此来进行探测目标物的属性。

(2)被动式遥感:不利用人工辐射源,而是直接接收与记录目标物反射的太阳辐射或者目标物本身发射的热辐射和微波,以此来进行探测目标物的属性。

4.根据遥感资料的显示形式分

(1)成像遥感:将目标物发射或反射的电磁波能量分布以图像色调深浅来表示。

(2)非成像遥感:记录目标物发射或反射的电磁辐射和各种物理参数,最后资料为数据或曲线图。

5.按应用目的分类

根据遥感应用目的的不同,遥感可分为环境遥感、农业遥感、林业遥感、地质遥感、海洋遥感、土壤遥感等。

四、遥感技术在地籍测量中的应用

遥感技术应用到地籍测量中主要受图像分辨率的限制,随着航空航天技术、摄影技术、信息传输和处理技术的不断发展,遥感图像的分辨率逐步得到提高,使遥感技术应用到地籍测量中成为可能。我国自 20 世纪 80 年代开始大规模地籍测量以来,测绘工作者利用航空遥感图像，进行地籍测量实践，取得了一定的成果。实践证明，航测法地籍测量无论在地籍控制点、界址点的坐标测定，还是在地籍图细部测绘中都可满足《城镇地籍调查规程》的规定。

（一）航测法地籍测量的优点

采用航测方法测绘地籍图，比常规法测绘地籍图，具有质量好、速度快、经济效益高且精度均匀的优点，并可用数字航空摄影测量方法，提供精确的数字地籍数据，实现自动化成图，同时为建立地籍数据库和地理信息系统提供广阔的前景。

（二）航测法地籍测量的主要工作过程

（1）资料准备：首先要收集与地籍测量有关的图件和文字资料，如航片、地形图、房产图和各种征地文件。同时，根据仪器和人员状况，制订作业计划。

（2）人工布标：地标需在航摄前布设，使航摄时地标能清晰成像，以增强判点和刺点准确性，达到提高电算加密精度的目的。

（3）航空摄影：航测地籍测量的航摄像片应优于常规航测像片，要求分辨率高，且比例尺大、航线正规。根据实验情况，航测地籍测量的像片比例尺一般为1∶8 000～1∶3 000。

（4）像片选点：依其选定作业方法，按1∶2 000～1∶500航测外业规范和航测地籍测量设计书进行。

（5）像控点测量：持选好控制点的航片到实地判点，而后观测计算像控点坐标，作为内业加密定向点、界址点的依据。

（6）电算加密：解析空中三角测量，加密内业定向点、图根点和地籍界址点，并进行平差。

（7）地籍调绘：持航片到实地判释确定行政界线、宗地界线、调绘宗地建筑物、土地使用类别、宗地权属状况等。

（8）内业测图：根据加密点、外业调绘片，按不同的作业仪器和方法进行。

（9）面积量算：根据界址点和宗地调查情况进行，数字化测图也可直接由计算机输出宗地面积。

（10）编制地籍图和地籍簿册：有条件时将地籍成果数字化，或以数字化仪将地籍图输入地籍数据库建档。

第二节 航测法地籍控制测量

利用航空摄影图像，采用航测法进行控制点测量，包括图像控制点（像控点）和图根控制点（图根点）的坐标测定。

一、像控点的布点

像控点是航测内业加密和测图的依据，它的布点密度、位置、目标的选择和点位的精度对成图精度的影响很大。因此，像控点的布设必须满足航测成图的要求。像控点布点包括全外业布点、航线网布点和区域网布点。一般情况下只按航线网和区域网布点。布点的具体规定和要求如下。

(一)布点的一般规则

(1)像控点一般应布设在航向,旁向 6 片(至少 5 片)重叠范围内,并使布设的点尽量公用。

(2)像控点距航片边缘不少于 1 cm(像幅为 18 cm×18 cm)或 1.5 cm(23 cm×23 cm),离图像上的各类标志不少于 1 mm。

(3)像控点应选在重叠中线附近,其与方位线间的距离应大于 3 cm(像幅为 18 cm×18 cm)或 5 cm(23 cm×23 cm);当分别布点时,裂开的垂直距离应小于 1 cm,困难时不大于 2 cm。

(4)当按成图需要划分测区时,像控点尽量公用;当按图廓线划分测区时,自由图边的点要布设在图廓线外。

(二)航线网布点的要求

(1)航线网布点要求在各条航线布 6 个平高点。

(2)首末像控点之间的基线数,平地、丘陵的平面点一般不超过 10 条基线,山地不超过 14 条基线。

(3)航线首末端点上、下控制点应尽量位于通过像主点且垂直方位线的直线上,偏离时不应大于半条基线。上、下对点应布在同一立体相对内。

(4)航线中间两控制点应布在首末控制点的中线上,偏离时不大于 1 条基线。

(三)区域网布点的基本要求

(1)加密点有平面网或高程网,无论哪一种,航线的跨度、控制点间基线数不应超过表 6-1的规定。

表 6-1　区域网布点基本要求

比例尺	1:500	1:1 000	1:2 000
航线数	4～5	4～5	5～6
平高点基线数	4～6	6～7	6～10

(2)区域网平高像控点采用周边布点法,通常沿周边布 8 个平高点,点位要求与航线网布点相同。

二、控制点的布标和选刺

(一)像控点的布标

为了保证地籍图的测量精度,在航空摄影前应在实地铺设地面标志(简称布标)。布标的位置可在 1:10 000 地形图上预先选出,即在地形图上先标出摄区范围,选定区域网和航线,并与飞行领航图一致,再按照像控点的航线网(或区域网)布点要求,在 1:10 000 地形图上概略地确定布标位置。航摄前,持图到实地逐个定位,安放地标,并指派专人严加看管,直至航摄完毕。

预制地标一般采用四翼标,在 80 cm×80 cm 纤维板上的中心位置绘出直径为 10 cm 的黑色实圆，标翼为等腰黑色三角形，底宽 20 cm，高约 30 cm，纤维板底色为白色。为防止摄影时出现反光现象，标志面为毛面。地标还可采用三翼形、十字形和圆形。地标的材料可因地制宜，以实用、节约为原则。如在水泥地面，可直接用油漆涂刷，也可以用塑料布、苇席、竹席等制作。地标的颜色应根据实地情况而定，暗色背景上布设白色标志，绿色植被背景上采用白色或黄色标志，水泥屋顶上和土地面上的标志用加黑边的白色为宜。

在实地布设地标时，应尽量布在道路交叉口、打谷场、田角处。在城市街巷和隐蔽地段，要注意有良好的对空视角。

（二）控制点的选刺

测制 1∶1 000 地籍图时，像控点也可不铺设地标。可先进行航摄，取得航摄图像，再在航摄图像上选点、刺点，确定像控点、图根点的具体位置。

在航摄图像上选刺点的要求是：平面控制点的实地刺点精度为图像上 0.1 mm。点位目标明显，一般选刺在有良好交角的细小线状地物的交点上或有明显地物的折角顶点。刺点后，还应在摄影图像的背面用铅笔整饰，绘出放大的点位略图，标注刺点的位置和点号，供内业量测判定点位时参考。

（三）图根控制点布设

地籍图根控制点应按照地籍测量设计书的要求进行，为便于日后使用，一般沿街巷、道路布设。1∶500 图幅的点距为 70～100 m，1∶1 000 图幅的点距为 70～150 m。点位可用现场标志，例如地物的拐角、高大建筑物、文化设施、大桥、立交桥、工矿、院校主要特征处、文物古建筑的特征点、城楼亭阁等。测定这些图根点，便于日后检测、修测、更新地籍图使用。因此，这些点位须用油漆写出标记，并绘好点之记。

三、控制点的施测

测定像控点和图根控制点的平面位置方法通常有以下几个。

（一）电磁波测距导线、支导线和引点

在平地、丘陵地的地籍测量，导线全长不超过图上 3 500 mm，12 条边。导线闭合差不超过图上的 0.5 mm，方位角闭合差额为 $\pm 24'' \times \sqrt{n}$。支导线全长不超过图上 900 mm，边数不超过 3 条。往返距离较差为 $3(d+bD)$，其中 d 为测距仪标称精度，b 为比例误差，以 mm/km 计，D 为边长。

引点可用钢尺量距和电磁波测距，但不能用视距。量测长度不超过图上 100 mm，往返距离较差不超过 1/100。光电测距引点长度不超过图上 500 mm，两次距离较差与支导线相同。

（二）线性锁

锁长不超过图上 1 300 mm，三角形个数不超过 9 个。线性锁可以附合两次。

（三）交会法

边长不大于图上 600 mm，前方、侧方、后方都要采用二组图形计算坐标，其较差不超过

图上 0.2 mm。城镇地籍测量的城区尽量较多地使用导线测量。

(四)GPS 测量

可用静态 GPS 进行观测，也可用 RTK GPS 测量技术进行观测，但其精度必须满足航测成图的精度要求。

高程测定通常使用下述方法：①图根水准；②光电测距仪高程导线；③三角高程导线和独立交会高程。

第三节　航测法测量地籍界址点

地籍的测量与常规的地形测量相比，一个主要的特点是要测绘大量的高质量、高精度的地籍界址点，以满足计算宗地面积和权属管理的需要。在普通地籍测量里，这些界址点是由野外施测的，即使数字化地籍测量中用全站仪采集数据，也需逐个界址点立镜观测，野外工作量大。

利用航测电算加密方法是快速测定大量地籍界址点坐标的有效方法。国内在西安城区进行了“航测法测量地籍界址点”的试验，武汉测绘大学研制了用于界址点加密的“计算机联合平差程序 WuCAPS 系统”。通过试验、实践，该方法获得了成功。

一、航测法测量地籍界址点坐标的思路与方法

航测法测量地籍界址点的坐标，是采用解析空中三角测量的方法求算出界址点的坐标。

由于它的构网和平差等整个解算过程都是用计算机来完成，因此习惯称之为“电算加密”。

解析空中三角测量的主要过程是：用精密立体坐标量测仪观测左、右航摄像片上同名像点、界址点坐标，按平差要求将数据(像点坐标数据和其他参数)输入计算机，并按计算程序进行像对的相对定向、模型连接和绝对定向，再进行平差计算，计算机将平差后的界址点的平差坐标、高程或外方位元素等打印成表以供使用。

解析空中三角测量按所采用的平差单元不同可分为航线法区域网平差、独立模型法区域网子差、光束法区域网平差。这三种平差各有特点：光束法区域网平差的理论严密，加密点的精度高，其次是独立模型法区域网平差，航线法区域平差在理论上不如上述两种方法，航线也不宜过长，但它对计算机的容量要求不大，如运用得当，仍能达到满意的精度。

由最小二乘法原理可知，平差只解决偶然误差的合理分配问题，所以大多数区域网平差(航线网除外)要求预先消除系统误差对像点坐标的影响，如航片变形、镜头光学畸变差和大气折光等。但消除误差后的残差总会存在。为了消除系统残差的影响，采取自检校平差方式，即设计带附加参数的区域网平差程序。

航线法区域网平差是以航线作为平差基本单元的区域平差。它是在建立航线网的基础上，利用已知点的内业加密坐标与其外业坐标相等，以及相邻航线加密的公用接边点的内业坐标相等的条件，在整个加密区内，将点的航线坐标作为观测值，用平差方法整体解算各航线的变形改正参数，从而计算出界址点的平面坐标。

独立模型法区域网是以单模型(双模型、模型组)作为基本单元的区域平差方法。它是在独立建立单模型的基础上,利用已知点的内业加密坐标与其外业坐标相等,以及有相邻模型确定的公用连接点的内业坐标相等的条件,在整个区域内,用平差方法确定每一单模型在区域中的最或然位置,从而计算出各界址点的地面坐标。独立模型法区域网平差要求在像点坐标中消除系统误差的影响。

光束法区域网平差是以每个光束(一张航片)作为基本单元的区域网平差方法。它的基本做法是先进行区域网概算,确定区域中各航片外方位元素近似值和各加密点的坐标的近似值,然后按共线条件列出控制点、界址点的误差方程式,在全区范围内统一进行平差处理,联立解算出各航片的外方位元素和界址点的地面坐标。

二、电算加密界址点的作业要点

根据城镇地籍调查规程的规定,界址点对于邻近基本控制点的点位中误差不超过±5 cm,二类界址点(内部隐蔽处)中误差不超过±7.5 cm,最大允许误差为2倍中误差,这是航测电算加密界址点的基本要求。根据上述要求和试验,航测电算加密界址点的作业要点如下。

1.选用高质量像片

一般是选择近期摄影的影像分辨率(镜头构像所能再现物体细部的能力)高的像片。为此,航摄时要选用镜头分解力高、透光能力强、畸变差小、压平质量好和内方位元素准确的航摄仪,如威特R-10,RC-10A,RC-20及蔡司LMK等航摄仪进行航摄。航摄软片选柯达、航徽-Ⅱ软片等。

2.提高像片地面分辨率

像片地面分辨率是像片上能与其背景区别开来的最小像点所对应的地面尺寸,一般与航摄比例尺有关。

3.提高判点和刺点精度

欲使加密界址点的中误差达到或小于±5 cm的精度,提高地面点的判点精度是不可忽视的。布设地标,能大大提高判点精度。若利用自然点作为图根点,注意选择成像清晰的田角、房基角和交角良好的路叉口。

判读仪的选择和使用,与判、刺点的精度直接相关。

转刺点必须使用精密立体转点仪,例如威特厂的PUG-4转点仪、欧波同厂的PM-1转点仪等。规范规定转刺点的孔径大小和转点误差不超过0.06 mm,加密连接点和测图定向点必须一致。

4.使用精密立体坐标量测仪量测坐标

进行像点坐标量测是电算加密的主要工序之一。旧式的立体坐标量测仪量测精度为±5 μm,采用先进的精密立体坐标量测仪,精度可达1～2 μm,例如德国欧波同厂生产的PSK-2精密立体坐标量测仪,直读精度可达1 μm。作业时,由于量测点数非常多(像控点、界址点、图根点等),坐标量测仪必须带有自动记录装置,最好是在线量测系统。

5.合理布点保证对加密的有效控制

为了实现外业像控点对内业加密的有效控制，外业像控点采用沿周边布点，以保证加密点精度等于像点坐标量测精度。

6.选用严密的平方差方法

前已述及，采用自检校法区域网平差（或叫带附加参数的区域网平差），把可能存在的系统误差作为待定未知参数，列入方程组中进行整体平差运算，以消除系统误差，可提高加密点精度。

第四节　利用遥感图像制作地籍图

一、影像地籍图

所谓影像地籍图，是利用遥感图像，经投影转换，将中心投影（或多中心投影）的遥感图像变成垂直投影的影像图，并在正射投影的影像上加绘宗地界、界址点、宗地号、宗地名称、土地利用状况等注记而成。现以航摄遥感图像为例，介绍正射影像地籍图制作的方法和步骤。

图 6－1 所示为影像地籍图的制作过程。图中的人工布标、航空摄影、像控点测量、解析空中三角测量加密控制点、界址点等在前面已做介绍，像片野外调绘将在本章第五节中叙述。这里只介绍航空摄影图像（航片）拷贝、像片子面图、正射影像地籍图制作方法。

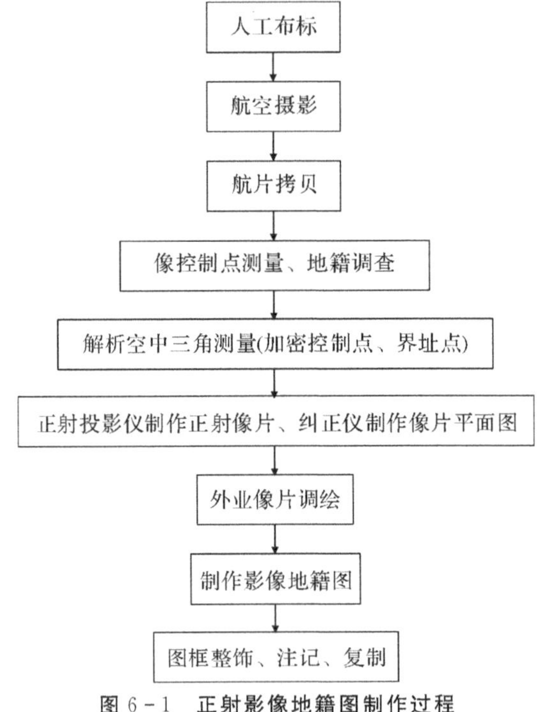

图 6－1　正射影像地籍图制作过程

(一)航片拷贝

航片拷贝是指对航摄取得的航摄负片及时进行拷贝。一般拷贝两套,一套透明正片用于正射投影纠正,另一套用于加密控制点、界址点和数据采集。

(二)像片平面图的制作

在地面起伏不大、楼房不高的情况下,可以利用纠正仪进行像片纠正,得到消除了倾斜误差、比例尺符合制作影像地籍图的像片平面图。具体做法有以下两种。

(1)像片镶嵌,是将经纠正的像片逐一拼贴、镶嵌制成平面图的方法。像片镶嵌前,首先在图板上展绘出各张像片上的纠正点,镶嵌时,按自上而下、自左而右的顺序进行,并使各张像片上的纠正点与展绘在图板上的相应的纠正点重合,片与片之间沿调绘面积(或重叠部分的中部)切开。然后在纠正点的控制下逐片、逐条航线将像片粘贴到图板上,即得到航片平面图。

(2)光学镶嵌,是在纠正仪上对点后,将晒像图板安放在承影面上曝光(只曝光应晒像的部分)。这样逐片、逐条航线进行(自上而下、自左而右)直至整幅图曝光完毕,再经显影、定影、水洗处理获得光学镶嵌的平面像片图。

(三)正射影像图的制作

对于地面起伏较大、楼房较高的地区,需用正射投影仪制作正射像片,再按像片拼贴镶嵌的方法制作正射影像图。具体思路与方法如下。

将相邻两张航摄底片放在左、右两个投影器中,经过定向,建立一个与地面完全相似且方位一致的地面模型。为了获得各点的正射投影位置,再在承影面上放一张感光模片,并在其上蒙上一张不透光材料。此材料上有一条狭长缝隙,在纠正的任何瞬间,只有缝隙下面的感光材料被露光。缝隙沿某一方向跟踪模型表面扫描。扫完一带,缝隙沿垂直于断面方向移动一段距离,直至整张像片扫描完毕,经处理,即可获得一张正射像片。

采用“在线”方式作业时,正射投影仪与全能测图仪器联机,在立体测图仪上扫描断面的同时正射投影仪与它同步进行扫描,并晒印正射像片。

采用“离线”作业(又称脱机作业)时,将立体测图仪扫描的高程断面数据记录在存储器内;而后再将存储器内的高程断面数据装在读出器上,通过控制系统控制正射投影仪扫描,印晒正射像片。

为了保证正射投影纠正的质量,一般应注意以下几点。

(1)供扫描用的透明正片,不得有划痕、斑点和指纹。

(2)在正射投影仪上,尽量使用电算加密结果安置外方位元素作业效率,可保证定向精度和扫描像片的几何质量。

(3)在正射扫描片上应打出图廓点位置,实际扫描范围应超出图外不少于 8 mm。

(4)扫描方向一般应选择垂直于航线方向。对于非正方形图幅,应考虑使长的图边与扫描方向一致。

(四)影像地籍图的制作

经纠正仪纠正镶嵌获得的像片平面图或采用正射投影仪制成的正射影像图,还需要加绘地籍要素并经图面整饰,才可得到满足用户要求的影像地籍图。具体做法如下:

(1)外业调绘。在像片平面图和正射像片上进行外业地籍调绘,主要是宗地界址和权属调查、房屋和道路的核查及调绘注记,并填写有关调查表格。当补调新增建筑物和屋檐内缩尺寸时,要充分利用调绘志。

(2)将外业调查结果转到内业像片平面图或正射像片上,建立初始航测地籍图文件。

(3)编制地籍图。除地籍图地物要素外,还需要坐标网格和地理注记,图廓外需按要求整饰。

(4)如用户有特殊要求,地籍图上可加绘等高线。

(5)其他制作。对于正方形或矩形分幅的影像地籍图,可制作统一的图框版。图框版包括内、外图框和公里网。

二、解析测图仪测绘地籍图

解析测图仪属于全能测量仪器,是一种多功能的立体测图仪。它由带反馈系统的精密立体坐标量测仪、电子计算机、数控绘图桌、接口设备、控制台、记录打印设备及相应软件,以联机方式组成。计算机是该系统的核心,用它解算立体模型上像点坐标与相应点的三维坐标间的相应关系,从而建立被测目标的数学模型,以实现各种点位、断面、等高线等目标的量测任务。

目前,在航测中使用较多的解析测图仪主要有 PlanicompC-100,BC-2 和 US-2 等解析测图仪。

为了适应航测由模拟测图走向解析测图的技术进步和发挥原有设备的作用,有些精密立体测图仪经技术改造后亦可用于解析测图。例如,将 B8S 改造成解析测图仪的 B8S-AAB,它的量测精度在±5 μm 之内。此外,从德国进口的 Topocart-B 立体测图仪改造成为解析测图仪,坐标量测精度亦在±5 μm 以内,可用于 1:500 测图,并具有房屋自动闭合、屋檐内缩改正功能。

解析测图仪测绘地籍图作业前应使解析测图仪主机、计算机和数控绘图仪等处于良好状态。资料准备包括透明正片、调绘片、控制片和电算数据等。

解析测图仪经过装片,输入各种参数(基线、焦距、框标数据、定向点数据等),相对定向和绝对定向后,即可量测数据和测图。由立体坐标量测仪量测界址点坐标、计算机解算坐标和面积,由数控绘图仪绘制线划地籍图,或向存储装置存储数字地籍资料。

例如某城区采用 C-13 型解析测图仪进行比例尺为 1:1 000 和 1:500 的地籍图测绘实验。作业要点是在仪器上测绘地籍要素和地形要素。其具体做法是:1:1 000 图幅按一次成图要求进行全要素测绘;1:500 图幅分两版测绘,其中一版为红版,测绘地籍要素;另一版为黑版,测绘水系和其他地形要素。为了确保成图精度,在仪器绝对定向后,选择本像对中二栋外业已给定长度且房基角明显的房屋,测绘在图板上,然后比较已给长度与图上长度,其差小于图上 0.5 mm 时,方可开始全面测绘,否则要查明原因,方可测绘。

仪器上测绘按照“外业定型，内业定位”的原则，以模型实测确定地物位置，当外业调绘确有错误时，可根据模型进行改正。

房屋建筑面积范围和宗地界线是地籍图中最重要的要素，测绘时要准确无误。测定房屋，以房基角为准，仪器能观察到房屋基角的，用测标切准即可，看不到房基角时投影在图板上，用红线连接，由编图人员进行房檐改正。若无影像或影像不清，仪器无法测绘，则仪器操作人员在调绘片上标明，将由编图人员处理。

采用解析测图仪测绘地籍图，经过实地检测，每幅图地物点平面位置超过 2 倍中误差的数值均在 5%以内，计算出的地物点位移均在规定的图上±0.5 mm 之内，完全符合地籍成图的精度要求。

三、航测数字化地籍成图

地籍图的航测数字化成图是解析测图仪和计算机技术发展的产物。它从根本上改变了只有图纸为载体的地图和地籍图产品，而以数据软盘形式保存图件，便于建立地籍数据库和地图数据库。根据有关生产单位试验资料，有的航测数字化成图采用“三站一库”的工艺流程形式，即数字化测图工作站、数字化图形编辑工作站、数字化图形输出工作站和图件数据库。如果进行地籍调查和界址点加密等工作，则形成航测数字化地籍成图工艺。作业时，解析测图仪联机进行解析空中三角测量加密；各种地物要素特征码用立体量测仪在航片上进行数据采集，用机助制图系统对数据进行批处理；用性能优良的平差程序将特征点、像控点等坐标转换成大地坐标的坐标串数据文件；利用数字化测图软件，使数据形成图形文件；在系统软件的驱动下，对上述文件和外业调绘资料（如屋檐改正等）进行微机图形编辑；再加上图廓整饰，生成地形图或地籍图，也可将数据存盘，生成数据图形文件。

四、数字摄影测量与数字摄影测量系统

数字摄影测量是基于数字遥感图像与摄影测量的基本原理，应用计算机技术、数字影像技术、影像匹配、模式识别等多学科的理论与方法，对所测对象的几何性质、物理性质用数字方式表达的测量方法。它是摄影测量的分支科学。

数字摄影测量系统是根据数字化测量原理而研制出的一个全软件化设计、功能齐全、高度智能化的空间三维信息采集和处理系统。它提供从自动定向、自动空间三角测量到快速自动产生数字高程模型（DEM），自动进行正射影像纠正，自动进行 DEM 拼接和任意影像镶嵌等整个作业流程。它处理的原始信息数据可以是航空摄影数字化影像。此外，它还能处理其他航天、航空遥感数字影像，并以计算机视觉代替人眼的立体观察，已成为当前数字城市和 GIS 空间数据采集的主要工具。显而易见，随着数字摄影测量系统软件的不断开发与完善，在用于城镇地籍测量、制作地籍图等方面，数字摄影测量系统有着广阔的前景，并将显示出巨大的优越性。

初始的数字摄影测量系统仍以人工作为辅助，高自动化的数字摄影测量系统无疑是计算机时代人们追求的目标。由数字影像经过数字摄影测量系统的图像处理，生成各种数字的模拟的地图产品（包括地籍图）。可用常规的摄影测量成果输出硬拷贝，也可直接将数字产品输入地理信息系统（GIS）和土地信息系统（CIS）提供给用户使用。

目前已投入生产应用的 VirtuoZo 全数字摄影测量系统是国际上公认的三大数字摄影测量系统之一。其主要用途为利用和处理高分辨率的数字图像，自动生成数字高程模型、正射影像图和进行数字地形图的测绘，并可生成三维景观图等。

第五节　地籍调绘与宗地草图制作

一、航片地籍调绘

利用遥感图像成图，调绘工作仍是必不可少的。采用航测法制作地籍图，外业航片调绘尤为重要。通过航片地籍调绘，不仅是准确判定图根控制点、界址点在航片上位置的需要，而且是查清权属界限、确定地物性质与权属、查明土地所有者或使用者名称的重要环节。

航片地籍调绘一般采用放大了的航片进行。有时为了记录、标注外业调查的数据，在调绘航片上蒙一张等大的聚酯薄膜，称为“调绘志”。可随时用铅笔将补调地物的形状、尺寸以及有关地籍内容，标记在调绘志上。

航片地籍调绘一般可分 3 个方面的工作，即调绘准备、外业调绘和调绘整饰。

调绘准备工作内容包括航片编号、分幅装袋和打毛，制作航片结合图表，进行航片室内预判等。通过调绘准备工作的实施，确保外业调绘按计划、有目的地进行。

外业地籍调绘的重点是土地权属界线以及各种地物性质、权属、位置等。外业调绘时，尤其要注意以下 5 点：

(1)要准确地在航片上标出界址点、界址线。界址点应在航片上刺孔(直径为 0.1 mm)。

(2)对航片上各种明显的、按比例表示的地物，着重调查其权属、性质、质量和相互关系。

(3)对航片上影像模糊或被阴影遮盖地物和新增地物，要采用截距法、距离交会法、延长线法、直角坐标法等补调补测方法进行调绘，并将补调补测内容与数据记录在“调绘志”上。

(4)对航摄后被拆除地物，在其影像上用红色“×”划去，范围较大的用文字加以说明，以免内业错绘在图上。

(5)各种地名、街道名、土地使用单位(或个人)名称，要实地询问证实，并在“调绘志”的相应位置标注清楚。

航片调绘整饰是在外业调绘后，在室内用永不褪色的绘图墨水在航片上按照规定的符号、注记、颜色将调绘内容描绘清楚，并签注调绘者的姓名与调绘日期。

一般情况下，用红色描绘界址点和土地权属界线，注记土地使用单位(或个人)的名称，其他调绘内容均为黑色。

描绘时应注意以下几点：

(1)界址线用 0.3 mm 的实线表示，以围墙为界的，界址线与围墙影像重合，并要表示围墙的归属。

(2)界址线与房屋轮廓线重合的，以界址线表示；界址线与单线地物重合的，单线地物符号不变，其线型按界址线表示。

(3)平房以外墙勒脚以上的墙壁投影为准绘出，楼房投影误差较大，以底层的建筑面积范围线为准绘出房基线。

(4)无地物影像的界址线，以相邻两界址点的直线连线为界址线。

(5)在描绘高大的楼房时，要去掉在航片上的阴影和投影差影像的部分，以墙角位置为准绘出，房屋占地范围用 0.15 mm 黑实线绘出。

(6)大屋檐房屋要丈量屋檐宽度标绘在调绘志上，由内业进行屋檐内缩，绘出实际以墙体为界的房屋图形和尺寸。

(7)河流、围墙、道路、街道边界线等用相应的符号绘出，各种注记标注在相应位置，并要求清晰易读。

二、利用航空遥感图像制作宗地草图

结合外业地籍调绘，利用放大的航空摄影图像绘制宗地草图会收到事半功倍的效果。利用放大的航空摄影图像制作宗地图草图的工作内容有摄影图像的复印放大、外业勘丈、宗地草图的绘制等。

由于宗地草图的比例尺是概略的比例尺，在放大航空遥感图像时，首先采用航摄部门提供的航片比例尺 $1:m$ 和需制作宗地草图的宗地面积大小及概略比例尺 $1:M$，计算出放大倍数 K，再利用复印机将相应部分放大(可经多次放大)，供野外勘丈时使用。例如某航摄遥感图像的比例尺为 1:2 800，需制作 1:250 宗地草图，那么放大倍数 K 为

$$K = \frac{m}{M} = \frac{2\ 800}{250} = 11.2$$

通过计算，在普通复印机上经 4 次放大复印即可得到概略比例尺为 1:250 的航摄影像复印件。

在野外地籍勘丈时，将放大复印的航摄影像图与实地对照，确定土地权属界的走向、界址点的位置及地物的相关位置等。在图像上用相应的符号标出界址点，用皮尺实地丈量界址点到界址点的距离和地物(房屋建筑物)的长宽，并用铅笔标注在相应的位置上。若需补调新增地物，则采用截距法、距离交会法、延长线法、直角坐标法等方法进行补测，并将补测的结果描绘到图像上。

宗地草图的绘制，一般是在回到驻地之后进行。具体做法是：将透明膜片蒙在调绘(勘丈)后的图像上，根据宗地草图的制作要求蒙绘所需内容，标注相应注记，最终完成宗地草图的制作。

遥感技术是 20 世纪 60 年代兴起并迅速发展起来的一门综合性探测技术。以后随着航空航天技术、摄影技术、信息传输技术、信息处理技术等的飞速发展，遥感图像分辨率越来越高。遥感技术以其宏观性强、包含信息量大、综合效益高等特点，目前在各个领域得到了广泛应用。20 世纪 80 年代以来，我国测绘工作者就尝试用航测方法测绘地籍图。实验数据表明，航测法地籍测量在精度上完全可以满足《城镇地籍调查规程》的规定。随着遥感图像分辨率的不断提高和内业处理软件的不断完善，利用遥感法进行地籍测量将成为发展的方向。

第七章　变更地籍调查与测量

第二次全国土地调查于2007年启动，2009年基本完成。结合2009年变更调查，以2009年12月31日为标准时点开展了统一时点的更新，建立了统一时点的土地利用数据库，并以该数据库为本底数据库，逐年开展年度变更调查，建立了土地利用遥感监测与更新机制。

第三次全国土地调查以2019年12月31日为标准时点。2017年第四季度开展准备工作，全面部署第三次全国土地调查，完成调查方案编制、技术规范制订以及试点、培训和宣传等工作。2020年，汇总全国土地调查数据，形成调查数据库及管理系统，完成调查工作验收、成果发布等。

做好全国土地调查工作，掌握真实、准确的土地基础数据，是推进国家治理体系和治理能力现代化、促进经济社会全面协调可持续发展的客观要求，是加快推进生态文明建设、夯实自然资源调查基础和推进统一确权登记的重要举措，是编制国民经济和社会发展规划、加强宏观调控、推进科学决策的重要依据，是实施创新驱动发展战略、支撑新产业新业态发展、提高政府依法行政能力和国土资源管理服务水平的迫切需要，是落实最严格的耕地保护制度和最严格的节约用地制度、保障国家粮食安全和社会稳定、维护农民合法权益的重要内容，是科学规划、合理利用、有效保护国土资源的基本前提①。

第一节　变更地籍调查与测量概述

变更地籍调查与测量是指在完成初始地籍调查与测量之后，为了适应日常地籍管理工作的需要，保持地籍数据现势性而进行的土地及其附属物的权属、位置、数量、质量和土地利用状况的变更调查。通过变更地籍调查及测量，可完善地籍资料的内容，使其具有良好的现势性。

一、变更地籍调查与测量的目的与特点

土地变更调查充分利用航空航天遥感技术，以正射影像为基础，以GIS、GPS等为辅助技术手段，采用内外业相结合的调查方法，调查土地利用变化和用地管理等情况。

---

① 《国务院关于开展第三次全国土地调查的通知》，国发〔2017〕48号，2017年10月16日。

(一)变更地籍调查与测量的目的

初始地籍建立后，随着社会经济的发展，土地被更细致地划分，建筑物越来越多，用途不断发生变化，以房地产为主题的经济活动，如房地产的继承、转让、抵押等，更加频繁。这就要求地籍管理者必须及时做出反应，对地籍信息进行变更，以维持社会秩序和保障经济活动正常运作。鉴于我国建立初始地籍还处于发展阶段，还需不断消除初始地籍数据中的错误，因此变更地籍调查及测量，除保持地籍资料现势性外，还有以下目的：

(1)使实地界址点位逐步得到检查、补置、更正；

(2)使地籍资料中的文字部分逐步得到核实、更正、补充；

(3)使初始地籍中可能存在的差错逐步消除；

(4)使地籍测量成果的质量逐步提高。

(二)变更地籍调查及测量的特点

变更地籍调查及测量与初始地籍调查及测量的地理基础、内容、技术方法和原则是一样的，但又有下列特点：

(1)主动申请。变更地籍调查无论是否发生界址变更，均由变更单位(土地使用者)申请提交合法变更的缘由证明。

(2)目标分散，发生频繁，调查范围小。

(3)政策性强，精度要求高。

(4)变更同步，手续连续。进行了变更测量后，与本宗地有关的表、卡、册、证、图均需进行变更。

(5)任务紧急。使用者提出变更申请后，需立即进行变更调查与测量，才能满足使用者的要求。

由此可见，变更地籍调查及测量是地籍管理的一项日常性工作。变更地籍调查及测量，通常由同一个外业组一次性完成。

二、地籍变更的内容

地籍变更的内容主要是宗地信息的变更，包括更改宗地边界信息的变更和不更改宗地边界信息的变更。

1.更改宗地边界信息的变更

(1)征用集体土地。

(2)城市改造拆迁。

(3)划拨、出让、转让国有土地使用权，包括宗地分割转让和整宗土地转让。

(4)土地权属界址调整、土地整理后的宗地重划。

(5)由于各种原因引起的宗地分割和合并。

2.不更改宗地边界信息的变更

(1)转移、抵押、继承、交换、收回土地使用权。

(2)违法宗地经处理后的变更。

(3)宗地内地物、地貌的改变等，如新建建筑物、拆迁建筑物、改变建筑物的用途及房屋的翻新、加层、扩建、修缮等。

(4)精确测量界址点的坐标和宗地的面积。这通常是为了满足转让、抵押等土地经济活动的需要。

(5)土地权利人名称、宗地位置名称、土地利用类别、土地等级等的变更。

(6)宗地所属行政管理区的区划变动，即县市区、街道(地籍区)、街坊(地籍子区)、乡镇等边界和名称的变动。

(7)宗地编号和房地产登记册上编号的改变。

三、地籍变更的申请

地籍变更申请一般有两种情况：一是间接来自于社会的地籍变更申请，二是来自于国土管理部门的日常业务申请。

所谓间接来自于社会的地籍变更申请是指土地管理部门接到房地产权利人提出的申请或法院提出的申请后，根据申请报告由国土管理部门的业务科室向地籍变更业务部门提出地籍变更申请。土地管理部门的业务科室在日常工作中经常会产生新的地籍信息，例如监察大队、地政部门、征地部门等这些业务科室应向地籍变更业务主管部门提出地籍变更申请。

地籍变更资料通常由变更清单、变更证明书和测量文件组成。一般说来，如果变更登记的内容不涉及界址的变更，并且该宗地原有地籍几何资料是用解析法测量的，则经地籍管理部门负责人同意后，只变更地籍的属性数据，不进行变更地籍测量，继续沿用原有几何数据。

四、变更地籍调查及测量的准备

变更地籍调查及测量的技术、方法与初始地籍调查及测量相同。变更地籍测量前必须充分检核有关宗地资料和界址点点位，并利用当时已有的高精度仪器，实测变更后宗地界址点坐标。因此，进行变更地籍调查与测量之前应准备下述主要资料：

(1)变更土地登记或房地产登记申请书；

(2)原有地籍图和宗地图的复印件；

(3)本宗地及邻宗地的原有地籍调查表的复制件(包括宗地草图)；

(4)有关界址点坐标；

(5)必要变更数据的准备，如宗地分割时测设元素的计算；

(6)变更地籍调查表；

(7)本宗地附近测量控制点成果，如坐标、点的标记或点位说明、控制点网图；

(8)变更地籍调查通知书。

五、变更地籍调查及测试方法

依据制作的外业调查底图，对照实地现状，逐地块对国家下发的遥感监测图斑及属性信息进行逐一核实、调整和补充调查，并核实建设用地批准范围内的土地建设情况，调绘实地建设范围和地类，填写国家下发的“遥感监测图斑信息核实记录表”。对遥感监测图斑未变更或部分未变更的，各地应结合遥感监测图斑类型，在“遥感监测图斑信息核实记录表”中填写未变更理由。

对于影像不清晰或影像未反映的新增地物，根据本地区实际情况，可采用遥感监测补测法、GPS补测法、直接补测法、间接补测法等多种补测方法开展补充调查，详细记录变化图斑的形状、范围以及变化地类等内容。确认和补测的信息，作为更新土地调查数据库的依据。

1. 遥感监测补测法

遥感监测补测法基本步骤：

(1)按《第三次全国土地调查底图生产技术规定》制作本年度航空航天遥感正射影像图。

(2)将正射影像图与上一年度土地利用现状图套合，叠加各种变化界线、属性信息，通过目视，对与上一年度土地利用现状图不一致的各种信息进行解译和标注，形成外业调查工作底图。

(3)对外业调查工作底图上的变化信息，依据实地现状进行全面核实、调整和补充并调查后确认，作为更新土地利用数据库的依据。

2. GPS补测法

GPS补测法基本步骤：

(1)实测新增地物界线上主要拐点坐标，对于不规则界线，应适当加密拐点，以充分反映新增地物几何形状。

(2)连接各拐点，获得新增地物界线和范围。

(3)将实测的新增地物拐点坐标输入土地利用数据库，作为更新土地利用数据库的依据。

3. 直接补测法

采用距离交绘法、直角坐标法、截距法、目视内插法等方法，将实地新增地物界线上的主要拐点直接补测到上一年度的土地利用现状图上，按实地界线走向连接拐点，得到本年度的土地利用现状图，作为更新土地利用数据库的依据。

4. 间接补测法

充分利用日常地籍管理中所收集到的新增建设用地、产业结构调整、灾害毁地、土地整治、生态退耕等有关土地利用变化的图件资料，将图件资料上与调查有关的变更图斑，采用透绘法、转绘法等方法，标绘到到上一年度的土地利用现状图上，得到当年的土地利用现状图。应将标绘后的土地利用现状图带到实地进行核实。当标绘内容与实地一致时，进行变更；不一致时，按实地现状进行修改后变更。

第二节　变更地籍调查技术要求

目前，我国土地变更调查从程序上可以概括为“三下两上”模式。“一下”，国家将遥感监测成果及时下发地方；“一上”，地方实地开展调查工作，获取辖区每一块变化图斑的地类、面积、权属和界线等信息，并上图、入库，将变更图斑成果上报国土资源部；“二下”，国家组织专业队伍针对地方上报的变更调查成果，依据遥感监测底图，逐图斑核查，将核查发现的疑问图斑下发给地方，并限期复核、修改、反馈；“二上”，地方对下发的疑问图斑，逐一核实确认，修改变更调查记录，并将复核及修正的结果报部认可；“三下”：对地方核实仍有疑问的，国家组织专业队伍再次进行实地抽查核实。

地籍变更调查的工作流程为准备工作底图→外业调查→内业工作→图件更新。

一、准备工作底图

变更地籍调查以原地籍图或土地利用现状图作为变更地籍调查和土地统计调查的工作底图。采用的调查工作底图一般一式两份，一份作为野外调查用图，一份记录历年调查的土地变更情况。

二、外业调查

1.外业调查方法

(1)对变更图斑形状规则、附近易找到明显地物点的，可采用距离交会法、直角坐标法、截距法等进行补测，以减少补测的点位误差。

(2)对变更图斑面积大、形状不规则的，可采用平板仪或经纬仪补测。

(3)对不易找到补测参照物的个别地区，可借助遥感影像、航片或像片平面图进行修测、补测。

(4)无论采用何种方法进行外业调查，都要将变更的图斑界线标注在工作底图上，填写“土地变更调查记录表”，并绘制草图，详细标明补测地物的相关位置和量测数据。

2.技术要求

(1)地类调查采用调绘法，其中土地分类按第二章提到的国家统一分类。当影像反映的界线与实地一致时，调绘的界线应严格与影像反映界线保持一致(重合)，移位不得大于图上0.3 mm，否则应重新调绘。当影像反映的界线与实地不一致、影像不清晰、不同地类分界线不明显(如有林地与疏林地界线等)时，必须依据实地情况或综合判读调绘其界线，判读调绘的界线相对于实地确定的界线移位不得大于图上1.0 mm。

(2)线状地物宽度不小于图上2 mm的，按图斑调查。线状地物宽度小于图上2 mm的，调绘中心线，用单线符号表示，称为单线线状地物(以下未作特殊说明的线状地物均指单线线状地物)。单线线状地物除调查其地类外，还须实地量测宽度，用于线状地物面积计算。

宽度量测方法和要求为：在实地线状物宽度均匀处（一般不要在路口量测）量测宽度，精确到0.1 m，并在调查底图对应的实地位置打点，标记量测点及其宽度值；当线状地物宽度变化大于20%时，须分别量测线状地物宽度，并在实地变化对应的调查底图位置垂直线状地物绘一短实线，分隔宽度不同的线状地物、线状地物与土地权属界线或地类界线重合时，线状地物调绘在准确位置上，其他界线只标绘最高级界线。

（3）变更图斑最小上图面积：城镇村及工矿用地为4.0 mm^2，耕地、园地为6.0 mm^2，林地、草地等其他地类为15.0 mm^2。小于最小上图面积的，可不上图，但需实丈距离、计算面积，作零星地类记录，并作附图。

（4）若需要调绘零星地类，只对耕地中非耕地，非耕地中的耕地且实地面积大于100 m^2的零星地物进行调换和实地丈量其面积，并将面积记载在“农村土地调查记录手簿”上，内业面积量算时扣除。

（5）补测的地物点相对临近明显地物点距离中误差，平原、丘陵区不大于图上0.5 mm，山地不大于1.0 mm。

三、内业工作

1.图件的修改

依据“土地变更调查记录表”，野外调查图上将每年变更的权属界线、图斑、线状地物等用一种颜色标绘在蓝晒图上，绘制成土地变更示意图，表示年度的土地变更情况。

参照土地变更示意图，使用复式比例尺、分规，按外业补测的数据，用铅笔将变更图斑展绘在工作底图上。

2.面积量算

（1）利用求积仪、方格网等在工作底图上量算变更图斑面积时，每个图斑要量算两次，其较差要符合《土地利用现状调查技术规程》规定的限差要求。一个图斑分割后，形成新的变更图斑和剩余图斑时，用求积仪、方格网量算面积，要同时量算变更图斑和剩余图斑面积。变更图斑与剩余图斑面积之和与原图斑面积不符值的相对误差，应符合《土地利用现状调查技术规程》的规定。

小于规定限差的，根据原图斑面积，对变更图斑与剩余图斑进行比例平差。超过规定限差的，需检查原因后进行处理。

（2）用实测数据计算变更图斑面积时，也应用求积仪或方格网等量算剩余图斑面积，以进行校核。用实测数据计算的面积不参加平差。

四、图件更新

土地调查数据库更新与上报。县级土地调查数据库的更新与上报采用变更增量包的方式。变更增量包是基于基态更新 模型的更新数据方式，将数据变化内容打包生成变更增量的数据包，用于对基态数据的更新，可以大幅度减少更新数据存储所占用的空间。

第三节　变更界址点测量

一、变更地籍要素调查

在变更地籍调查中，应着重检查和核实以下内容：

(1)检查变更原因是否与申请书上的一致。

(2)检查本宗地及邻宗地指界人的身份。

(3)全面复核原地籍调查表中的内容是否与实地情况一致，如：土地使用者名称、单位法人代表或户主姓名、身份证号码、电话号码等，土地坐落、四邻宗地号或四邻使用者姓名，实际土地用途；建筑物、构筑物及其他附着物的情况；等等。

以上各项内容若有不符的，必须在调查记事栏中记录清楚。遇到疑难或重大事件时，留待以后调查研究处理，有了处理结果后再修改地籍资料。

二、变更地籍资料的要求

变更地籍调查及测量后，必须对有关地籍资料作相应变更，做到各种地籍资料间有关内容一致。通过变更后，本宗地的图、表、卡、册、证之间，相邻宗地间的边界描述及宗地四邻等内容不得产生矛盾。

地籍资料变更应遵循“用精度高的资料取代精度低的资料，用现势性好的资料取代陈旧的资料”这一原则。考虑到变更地籍资料的规范性和有序性，具体要求如下。

1.地籍编号变更

在地籍管理中，一个宗地号对应着唯一的一个宗地。宗地合并、分割、边界调整时，宗地形状会改变，这时宗地必须赋以新号，旧宗地号将作为历史，不复再用。同理，旧界址点废弃后，该点在街坊内统一的编号作为历史，不复再用，新的界址点赋予新号。

界址未发生变化的宗地，除行政区划变化引起宗地档案的变更外，所有地籍号不变更。行政界线区划变化引起宗地地籍号变更后，应用变更后的街道、街坊编号取代原街道、街坊编号；在原街道、街坊编号上加盖“变更”字样印章，填写新的街道、街坊编号；将宗地档案汇编于新的街道街坊档案；在原街道街坊档案中注明宗地档案去向，取消原宗地编号；在原宗地编号上加盖“变更”字样印章；在新的街坊宗地最大编号后续编宗地号。

《地籍调查规程》(TD/T 1001—2012)规定，无论宗地分割或合并，原宗地号一律不得再用。分割后的各宗地以原编号的支号顺序编列，数宗地合并后的宗地号以原宗地号中的最小宗地号加支号表示。如 17 号宗地分割成三块宗地，分割后的编号分别为 17-1，17-2，17-3；如 17.2 号宗地再分割成 2 宗地，则编号为 17-4，17-5；如 17-4 号宗地与 10 号宗地合并，则编号为 10-1；如 17.5 号宗地与 25 号宗地合并，则编号为 17－6。如有多块宗地的一部分合并成一宗，如 6，7，8，9 号宗地的一部分合并成一宗，则合并后的宗地编号为 6.1，6，

7，8，9剩余部分宗地相应的变为6-1，7-1，8-1，9-1。利用计算机管理时，分割后的各宗地可在该街坊的最大宗地号后按顺序续编。

新增宗地地籍号的变更应分两种情况：若新增宗地划归原街道、街坊内，其宗地号须在原街道、街坊内宗地最大宗地号后续编，新增界址点按原街坊编号原则进行编号；若新增宗地属新增街道、街坊，其宗地号、界址点号须按《地籍调查规程》(TD/T 1001—2012)的规定编号，新增街道、街坊编号须在调查区最大街道、街坊号后续编。

2.界址点号变更

界址未发生变化的宗地，宗地界址点号不变。因行政界线区划变化引起界址点号变更，应取消原宗地界址点号，按新地籍街坊界址点编号原则，编界址点号，并在原界址点编号上加盖“变更”字样印章。

因界址发生变化，需要新增界址点的，新增界址点按宗地所在街坊界址点编号原则编号，其他界址点编号不变。因界址发生变化，需要废除的界址点，取消界址点号，永不再用，并在原宗地界址点编号上加盖“变更”字样印章。

新增宗地界址点号的变更应分两种情况：若新增宗地划归原街道、街坊内，新增界址点按原街坊编号原则编号；若新增宗地属新增街道、街坊，其界址点号须按《地籍调查规程》(TD/T 1001—2012)的规定编号。

3.宗地草图的变更

变更地籍调查及测量后，宗地草图必须重新绘制，并在原宗地草图上加盖“变更”字样的印章，原宗地草图归到原宗地档案中，新形成的宗地草图归到相应的宗地档案中。

4.地籍调查表的变更

对界址未发生变化的宗地，地籍调查表的变更应直接在原地籍调查表上进行，在原地籍调查表内变更部分加盖“变更”字样的印章，注记新变更内容，并将新变更内容填写在变更地籍调查记事表内。需要实地调查的，若发现原测距离精度低或量算错误，须在原地籍调查表上用红线划去错误数据，注记检测距离并注明原因。当地籍调查表同一项内容变更超过两次时，应重新填制地籍调查表，在原地籍调查表封面及变更部分加盖“变更”字样的印章，与重新填制的地籍调查表一起归档。

在界址发生变化的宗地变更地籍调查中，对新形成的宗地须按变更情况填写地籍调查表，并注明原宗地号。在原地籍调查表封面加盖“变更”字样印章，并注明变更原因及新的宗地号。根据实地调查情况，按《地籍调查规程》(TD/T 1001—2012)有关规定，以新形成的宗地为单位填写地籍调查表。新增设的界址点、界址线须严格履行指界签字盖章手续。对没有发生变化的界址点、界址线，不需重新签字盖章，但在备注栏内须注记原地籍调查表号，并说明原因。同一界址点变更前、后的编号如果不一致，还应注明原界址点号。将原使用人、土地坐落、地籍号及变更主要原因在说明栏内注明。

5.地籍图的变更

地籍图变更测绘方法主要分为数字法和模拟法两种。

采用数字法测绘地籍图的变更,数字地籍图应随宗地变更随时更改,但要保留历史上每一时期的数字地籍图现状。

采用模拟法测绘地籍图的变更,地籍铅笔原图作为永久性保存资料,不得改动;地籍二底图应随宗地变更随时更改,发生变更时,在二底图复制件(蓝晒图或复印图)上用红色笔标明变更情况,存档备查。也可将一定时间内的变更内容标注在同一张二底图复制件上,一宗地变更两次或全图变更数量超过1/3时,应重新绘制二底图。根据变更勘丈成果或变更宗地草图修改二底图的有关内容,去掉废弃的点位、线条和注记,画上变更后的地籍要素。为保证地籍图的现势性,当一幅图内或一个街坊宗地变更面积超过1/2时,应对该图幅或街坊进行基本地籍图的更新测量,重新测绘地籍铅笔原图。

6.宗地图的变更

宗地图是土地证书的附图。变更地籍测量时,无论宗地界址是否发生变化,都应依据变更后的地籍图或宗地草图,按《地籍调查规程》(TD/T 1001—2012)有关规定重新绘制宗地图。原宗地图不得划改,应加盖"变更"字样印章保存。

当变更涉及临宗地但不影响该临宗地的权属、界址、范围时,临宗地的宗地图无须重新制作。

7.宗地面积的变更

宗地面积的变更应在充分利用原成果资料的基础上,采取高精度代替低精度的原则,即用精度较高的面积值取代精度低的面积值。属原面积计算有误的,在确认重新量算的面积值正确后,须以新面积值取代原面积值。

通常变更地籍测量用解析法测量界址点的坐标,所以可以用解析坐标计算新的宗地面积。用新的较精确的宗地面积取代旧的精度较低的面积值,统计也按新面积值进行。如果新旧面积精度相当,且差值在限值之内,则仍保留原面积。宗地合并时,合并后的宗地面积应与原几宗地面积之和相等;宗地分割时,分割后的几宗地面积之和应等于原宗地面积,闭合差按比例配赋;边界调整时,调整后的两宗地面积之和不变,闭合差按比例配赋。

8.界址点坐标的处理

如果原地籍资料中没有该点的坐标,则新测的坐标直接作为重要的地籍资料保存备用。如果旧坐标值精度较低,则用新坐标取代原有资料。如果新测绘坐标值与原坐标值的差数在限差之内,则保留原坐标值,新测资料归档保存。

9.面积汇总表变更

在以街道为单位的宗地面积汇总表内,划掉发生变更的宗地面积数,并加盖"变更"字样印章,将新增加的宗地面积加在表内。

三、变更界址点调查及测量

变更界址点测量是为确定变更后的土地权属界址、宗地形状、面积及使用情况而进行的测绘工作，变更界址测量是在变更权属调查的基础上进行的。

变更界址测量包括更改界址和不更改界址两种测量。在工作程序上，可分两步进行：一是界址点、线的检查，二是进行变更测量。

（一）更改界址点的变更界址测量

1.原界址点有坐标的变更地籍调查

1）界址点检查

（1）这项工作主要是利用界址调查表中界址标志和宗地草图来进行。检查内容包括：检查界标是否完好，复量各勘丈值，检查它们与原勘丈值是否相符。按不同情况分别做如下处理：

如果界址点丢失，则应利用其坐标放样出它的原始位置，再利用宗地草图上的勘丈值检查并取得有关指界人同意后埋设新界标。

如果放样结果与原勘丈值检查结果不符，则应查明原因后处理。

如果发生分歧，则不应急于做出结论，宜按"有争论界址"处理，即设立临时标志、丈量有关数据，记载各权利人的主张。如果各方对所记录的内容无异议，则签名盖章。

（2）若检查界址点与邻近界址点或与邻近地物点间的距离与原记录不符，则应分析原因，按不同情况处理：

如果原勘丈数据错误明显，则可以依法修改。

如果检查值与原勘丈值的差数超限，经分析这是由于原勘丈值精度低造成的，则用红线划去原数据，写上新数据；如果不超限，则保留原数据。

如果分析结果是标石有所移动，则应使其复位。

2）变更测量

（1）宗地分割或边界调整测量。

a.宗地分割或边界调整测量放样数据准备及新增界址点放样。权属调查前新增界址点放样数据的准备，应根据变更调查申请书提供资料及原地籍调查成果，准备相应的放样数据。经分割双方现场认定，现场先设置界标的，不需要准备放样数据。

b.宗地分割或边界调整新增界址点测量。放样完成后，宗地分割边界调整新增界址点一般应按照《地籍调查规程》（TD/T 1001—2012）要求采用解析法测量，特殊情况可以采用图解勘丈法。如果变更调查申请书提供坐标，解析测量的新增界址点坐标与申请坐标误差的中误差为±10 cm，在允许误差范围内，采用解析测量坐标作为新增界址点坐标成果。

（2）宗地合并测量。宗地合并不重新增设界址点的，除特殊需要外，原则上可不进行变更地籍测量，直接应用原测量结果。申请人提出重新进行地籍测量时，应按照《地籍调查规程》(TD/T 1001—2012)要求采用解析法测量。用解析法测量本宗地所有界址点坐标,并以此为基础,更新本宗地所有的界址资料,包括界址调查表(含宗地草图)、界址点资料、界址图、宗地面积以及宗地图。

2. 原界址点没有坐标的变更地籍调查

1)界址点检查

(1)界址点丢失的处理。利用原栓距及相邻界址点间距、界址标石,在实地恢复界址点位,设立新界标。

(2)检查勘丈值与原勘丈值不符时的处理。判明原因,然后针对不同情况,如原勘丈值明显有错、原勘丈值精度低、标石有所移动等,给予相应的处理,也可先实测全部界址点坐标,然后进行界址变更。

2)变更测量

(1)宗地分割边界调整时,可按预先准备好的放样数据,测设界址点的位置后,埋设标志,也可以在有关方面同意的前提下先埋设界标,再测量界址点的坐标。

(2)宗地合并边界调整时,要销毁不再需要的界标,并在界址资料中作出相应的修改。

(3)用解析法测量本宗地所有界址点的坐标,并以此为基础,更新本宗地所有的界址资料,包括界址调查表(含宗地草图)界址点资料、界址图、宗地面积以及宗地图。

(二)不更改界址点的变更界址测量

1. 界址点检查

界址点检查包括界址点位检查及用原勘丈值检查界址标志是否移动,具体内容同"更改界址的变更界址测量"。

2. 变更测量

变更测量一般是用已有的高精度仪器,实测宗地界址点坐标。具体内容除没有分割、边界调整和合并宗地时设置新界址点及销毁不再需要界址点的工作外,其他与"更改界址的变更地籍测量"基本相同。

第四节 界址点的恢复与鉴定

一、界址点的恢复

在界址点位置上埋设界标后,应对界标细心保护。界标可能因人为或自然因素发生位移或遭到破坏,为保护地产拥有者或使用者的合法权益,须及时地对界标的位置进行恢复。

某一地区进行地籍测量之后,表示界址点位置的资料和数据一般有界址点坐标、宗地草图上界址点的点之记、地籍图、宗地图等。对一个界址点,以上数据可能都存在,也可能只存在某一种数据。可根据实地界址点位移或破坏情况、已有的界址点数据和所要求的界址点放样精度以及已有的仪器设备来选择不同的界址点放样方法。

恢复界址点的放样方法一般有直角坐标法、极坐标法、角度交会法、距离交会法。这几种方法其实也是测定界址点的方法，因此测定界址点位置和界址点放样是互逆的两个过程。不管用哪种方法，都可归纳为两种已知数据的放样，即已知长度直线和已知角度的放样。

1. 已知长度直线的放样

这里的已知长度是指界址点与周围各类点间的距离，具体情况如下所述：

(1)界址点与界址点间的距离；

(2)界址点与周围相邻明显地物点间的距离；

(3)界址点与邻近控制点间的距离。

这些已知距离可以通过坐标反算得到，也可以从宗地草图或宗地图上得到，并且这些距离都是水平距离。在地面上，可以用测距仪或鉴定过的钢尺量出已知直线的长度，并且在作业过程中考虑仪器设备的系统误差，从而使放样更加精确。

2. 已知角度的放样

已知角度通常都是水平角。在界址点放样工作中，如用极坐标法或角度交会法放样，才需计算出已知角度，此时已知角度一般是指界址点和控制点连线与控制点和定向点连线之间的夹角。设界址点坐标(X_P，Y_P)，放样测站点坐标(X_A，Y_A)，定向点坐标(X_B，Y_B)，则有

$$\alpha_{AB} = \arctan\left(\frac{Y_B - Y_A}{X_B - X_A}\right), \quad \alpha_{AP} = \arctan\left(\frac{Y_P - Y_A}{X_P - X_A}\right) \tag{7-1}$$

此时放样角度 $\beta = \alpha_{AP} - \alpha_{AB}$，把经纬仪架设在测站上，瞄准定向方向并使经纬仪读数置零，然后顺时针转动经纬仪，使其读数为 β，移动目标，使经纬仪十字丝中心与目标重合即可，并使其距离为 $S_{AP} = \sqrt{(X_A - X_P)^2 + (Y_A - Y_P)^2}$，即可得到界址点位置。

二、界址点的鉴定

依据地籍资料(原地籍图或界址点坐标成果)在实地鉴定土地界址是否正确的测量作业，称为界址鉴定(简称鉴界)。界址鉴定工作通常是在实地界址存在问题，或者双方有争议时进行。

界址点如果有坐标成果，且临近还有控制点(三角点或导线点)，则可参照坐标放样的方法予以测设鉴定。如果无坐标成果，则可在现场附近找到其他的明显界址点，以其暂代控制点，据以鉴定。否则，需要新施测控制点，测绘附近的地籍现状图，再参照原有地籍图、与邻近地物或界址点的相关位置、面积大小等加以综合判定。重新测绘附近的地籍图时，最好能选择与旧图等大的比例尺并用聚酯薄膜测图，这样可以直接套合在旧图上加以对比审查。

正常的鉴定测量作业程序如下。

1. 准备工作

(1)调用地籍原图、表、册。

(2)精确量出原图图廓长度,与理论值比较是否相符,否则应计算其伸缩率,以作为边长、面积改正的依据。

(3)复制鉴定附近的宗地界线。原图上如有控制点或明确界址点时(愈多愈好),要特别小心地转绘。

(4)精确量定复制部分界线长度,并注记于复制图相应各边上。

2.实地施测

(1)依据复制图上的控制点或明确的界址点位,判定图上与实地是否相符,如点位距被鉴定的界址线很近且鉴定范围很小,即在该点安置仪器测量。

(2)如找到的控制点(或明确界址点)距现场太远或鉴定范围较大,应在等级控制点间按正规作业方法补测导线,以适应界址测量的需要。

(3)用光电测设法、支距法或其他点位测设方法,将要鉴定界址点的复制图上位置测设于实地,并用鉴界测量结果计算面积,核对无误后,报请土地主管部门审核备案。

第五节　日常地籍测量

一、日常地籍测量的目的与内容

1.目的

日常地籍测量的目的是及时掌握土地利用现状变化,以便于土地管理部门科学地进行日常地籍管理工作并使之制度化、规范化。

2.内容

日常地籍调查的内容包括界桩放点、界址点测量、制作宗地图和房地产证书附图、房屋调查、建设工程验线、竣工验收测量等,主要内容是变更土地登记和年度土地统计。

具体内容如下:

(1)土地出让中的界址点放桩、制作宗地图;

(2)房地产登记发证中的界址测量、房屋调查、制作宗地图;

(3)房屋预售和房改的房屋调查;

(4)建筑工程定位的验线测量;

(5)竣工验收测量;

(6)征地拆迁中的界址测量和房屋调查。

地籍测量成果不但具有法律效力而且具有行政效力,因此必须由政府部门完成测量工作和出具成果资料。如果遇某种特殊原因,需委托测量单位承担的,必须事先向主管部门提出申请,经同意才可安排测量单位承担任务,但测量单位必须满足如下两个条件:

(1)测绘队伍必须在当地注册登记,具有地籍测绘资格,测量人员具有地籍测绘上岗证。

(2)所有测量成果资料以国土管理部门的测绘主管部门的名义出具,经审核签名和盖章后生效。

二、土地出让中的界桩放点和制作宗地图

在办理用地手续后，由测绘部门实施界址放桩和制作宗地图及其附图，其工作程序如下。

1.测绘部门受理用地方案图

用地方案确定后，将用地方案图送到所属的测绘部门办理界址点放桩和宗地图制作手续。受理界桩放点和制作宗地图的依据是：必须有由地政部门提供的盖有印章、编号并在有效期内的红线图或宗地图。

2.测绘部门处理用地方案图

测绘部门收到用地方案图后，在规定时间内，根据以下两种不同情况进行工作。

(1)用地方案图有明确界址点坐标及红线的，按图上标识的坐标实地放点。若放出的点位与实地建筑物、构筑物或其他单位用地无明显矛盾，则埋设界桩，向委托单位交验桩位。若放出的点位与已建的建、构筑物或其他单位用地有明显矛盾，则在实地标示临时性记号，并将矛盾情况记录清楚后，通知地政部门。由地政部门重新确定用地方案后，再按上述程序通知测量部门放桩。如用地红线范围确实需要调整界址点的，则应由地政部门通知业主调整。

(2)用地方案图中无界桩点坐标的，测量部门可根据用地方案的文字要求实地测量有关数据或测算出所需界桩点坐标后，返回地政部门确认。经确认后，把标有明确界桩点坐标的红线图再送交测绘部门，测绘部门根据情况决定是否再到实地放点埋桩。

3.宗地编号和界址点编号

红线图上界址点经实地放桩确认后，进行宗地编号和界址点编号。编号方法见第三章有关内容。

4.编写界址界桩放点报告

界桩放点报告是界址放桩的成果资料，它包括实地放桩过程的说明、所使用的起算数据和测量仪器的说明、界址放桩略图、界桩点坐标成果表等。界址放桩报告是建设工程验线的基础资料之一，在申请开工验线时要出示，同时也是征地、拆迁的基础资料。

对未平整土地、未拆迁宗地的测量放桩，当实地放桩困难，测量精度难以保证时，应在放桩报告的备注栏中注明“本界桩点仅供拆迁、平整土地使用，不能用于施工放线”等字样。此类界桩点只能作为临时点，待后要补放。界址放桩报告在规定时限内完成。

5.制作宗地图

制作宗地图和编写放点报告同时进行。界址点实地放桩完成后，应立即着手制作宗地图。

宗地图主要反映本宗地的基本情况，包括宗地权属界限、界址点位置、宗地内建筑物位置与性质、与相邻宗地的关系等。宗地图要求界址线走向清楚、面积准确、四至关系明确、各项注记正确齐全、比例尺适当。宗地图图幅规格根据宗地实际大小选取，一般为 32 开、16 开、8 开等，界址点用 1.0 mm 直径的圆圈表示，界址线粗 0.3 mm，用红色表示。

三、房地产登记发证中的地籍测量工作

房地产登记发证中的地籍测量包括宗地确权后的界址测量、宗地上附属建筑物的面积调查、宗地图的制作等工作。

凡原来没有红线，或实际用地与红线不符，或者宗地分割合并等引起权属界线发生变化等情况，在申请登记发证时，要进行界址测量。对出让的土地，在建筑物建好，进行房地产登记时要进行现状测量和建筑面积的丈量。

界址测量、房屋调查以及宗地图由测绘部门负责。具体程序如下。

1. 地籍测量申请

由房地产管理部门通知业主向测量部门申请地籍测量，并要求业主提交用地红线图或用地位置略图。申请房屋调查时需提供房屋位置略图和经批准的建筑施工图(必要时还需提供剖、立面图或结构设计图)，并填写地籍测量任务登记表。

2. 土地权属调查

接到测量任务委托后，在规定时间内，由房地产管理部门负责权属调查的人员会同业主和测绘人员一起到实地核定权属界线走向，确定界址点位置。界址点位置确定后，测量人员要现场绘制宗地草图，有关人员要签字盖章。

3. 实地测绘

实地测量工作如下：

(1)埋设标志。

(2)测量已标定的界址点坐标。

(3)检查宗地周围的地形、地物的变化情况，如有变化，做局部修测、补测。

外业测量完成后，内业进行资料整理与计算，对测量坐标，要根据周围已确定的宗地坐标进行调整，相邻两宗地之间不能重叠、交叉，如果内业的坐标调整值较大，应及时更正实地的界址点标志。

如需进行房屋调查，在接到测量申请后要在规定时间内完成房屋调查工作。房屋调查的过程是：先审核建筑设计图，然后持图纸到实地抽查部分房屋建筑，验证图上尺寸与实地丈量尺寸是否相符，如符合精度要求，可按图上数据计算建筑面积，如不相符，误差超过限差规定的，应全部实地调查。

已进行竣工复核的房屋，以复核后的竣工面积为准进行登记。已进行过预售调查，经竣

工复核，未更改设计的，不再进行调查，以预售面积作为竣工面积进行登记。竣工复核时，如发现房屋现状与预售时不一致，则应重新调查。

界址测量、房屋调查所使用的仪器设备要通过检定，符合精度方可使用。

4.宗地编号和界址点编号

宗地编号和界址点编号的方法与土地出让中的规定相同。如登记发证时的宗地和土地出让时的宗地边界完全相同，则无须再编号，原有宗地号即为发证时的宗地号，界址点编号也是原来的编号。

原来没有宗地号的宗地，按新增加宗地办法编号；对宗地的分割合并，编号应按第三章的相关要求进行。

5.编写界址测量报告、房屋建筑面积汇总表

界址测量、房屋调查完成后，要编写界址测量报告和房屋建筑面积汇总表。界址测量报告的主要内容有：

(1)界址测量说明，主要说明界址点确定的过程(包括时间、参加人员、定界依据等)和界址测量的一般规定(包括依据的规范、精度要求等)。

(2)界址测量过程叙述(包括起算成果、测量方法、使用的仪器等)。

(3)界址测量略图。

(4)坐标成果表。

(5)宗地位置略图。

房屋建筑面积汇总表中包括建筑面积计算和建筑面积分层(分户)汇总。

6.绘制宗地图

房地产登记发证中的宗地图和土地使用权出让中的宗地图绘制方法和基本要求完全相同，内容基本相同，但用途不同。土地出让中的宗地图附在土地使用合同书后作为合同的组成部分，房地产登记中的宗地图是房地产登记卡的附图。

对于签订土地使用合同，仅进行土地登记时，可以把原土地使用合同书中的宗地图复制后使用，无须重新制作。

在制作宗地图时，要对宗地范围内经批准登记的建筑物进行统一编号，宗地图上的编号应与登记时的编号一致，建筑物编号用圆括弧注记在建筑物左上角，建筑物层数用阿拉伯数字注记在建筑物中间。

宗地附图即房地产证后面的附图，是房地产证的重要组成部分。

7.提交资料

提交的资料有界址测量报告、房屋调查报告和宗地图。其中界址测量和房屋调查报告，用地单位与测量单位各留存一份，供宗地图交付登记发证使用，用地单位不留。

四、房屋预售调查和房改中的房屋测量

1.调查申请

凡需进行房屋调查的，由有关单位向测绘部门提出申请，填写地籍测量任务登记表。申请房屋调查时应提交房屋建筑设计图（包括平、立、剖面图，发证时还需提供结构设计图）和房屋位置略图。

2.预售调查

对在建的房屋进行预售（楼花）的调查，使用经批准的设计图计算面积，计算完毕后，必须在所使用的设计图纸上加盖“面积计算用图”印章。

3.房改中的房屋调查

房改中的房屋调查以实地调查结果为准。原进行过预售调查的需到实地复核，凡在限差范围内的维持原调查结果，不作改变。否则，重新丈量并计算。

4.提交资料

房屋调查需提交的成果资料包括房屋调查报告一式两份，一份交申请单位，一份原件由测量部门存档。

五、工程验线

工程验线是指经批准的建筑设计方案，在实地放线定位以后的复核工作。工程验线时主要检查建筑物定位是否与批准的建筑设计图相符，检查建筑物红线是否符合规划设计要求。

建筑单位申请开工验线时，先进行预约登记，确定验线的具体时间。申请开工验线需提供如下资料：用地红线图，经批准的建筑物总平面布置图，界址界桩点报告，“建设工程规划许可证”（先开工的提交基础开工许可证）。在正式验线前，建设单位应在现场把建筑物总平面布置图上的各轴线放好，撒上白灰或钉桩拉好线，各红线点界桩必须完好，并露出地面。

在建设单位提交的资料齐全、准备工作完善的情况下，验线人员必须在规定间内给予验线，并制作开工验线测量报告，如因特殊原因，无法依约进行，一方提前一天通知另一方，并重新商定验线日期。

验线人员到实地验线时应做如下工作：

(1)查看地籍图或地籍总图。

(2)查看界桩点情况，在条件允许的情况下，最好能复核界桩位置。

(3)实地对照建筑物的放线形状与地籍图或地籍总图是否相符。

(4)测量建筑物的放线尺寸与图上的数据是否相符。

(5)测量建筑物各外沿边线和红线是否符合规划设计要点。

验线结束后，建设单位交付验线费用，验线人员在“建设工程规划许可证”上签署验线意

见,加盖建筑工程验线专用章。只有验线合格,工程方可开工。

六、竣工验收测量

竣工测量是规划验收的重要环节,同时也是更新地形图内容的重要途径。竣工验收测量成果供竣工验收和房地产登记使用,同时也用于地形图、地籍图内容的更新。竣工测量的主要内容包括竣工现状图测绘、建筑物与红线距离测量和房屋竣工调查。竣工测量程序如下。

(1)测绘部门在接到"竣工测量通知书"后,根据通知书中的竣工验收项目和有关技术规定在规定时间内完成测量工作。

(2)竣工现状图比例尺为1∶500,采用全数字化方法或一般测量方法测量,竣工图上必须标出宗地红线边界和界址点,测出建筑物与红线边的距离、室内外地坪标高、建筑物的形状以及宗地范围内和四至范围的主要地形地物。

建筑面积复核以实地调查为准。原进行过预售调查的,对预售调查结果进行复核,凡在限差范围内的,维持原调查结果,不作改变,超出限差的,重新丈量计算。

(3)竣工测量提交的成果资料包括建设工程竣工测量报告一式三份和房屋调查报告一式两份。建设工程竣工测量报告书一份交建设单位,一份交规划验收部门,一份由测绘部门存档;房屋调查报告交一份给建设单位,一份由测绘部门存档。

(4)测绘部门根据竣工现状图及时修改更新地形图、地籍图。

七、征地拆迁中的界址测量和房屋调查

征地拆迁中的界址测量和房屋调查由征地拆迁管理部门向测绘部门下达测量调查任务,或由用地单位提出申请。申请界址测量的,由征地部门提供征地范围图或由征地人员到现场指界,申请房屋调查的,需提供房屋平面图和位置略图。测量方法同前文所述,但对即将拆除的房屋要拍照存档。

第八章　建设项目用地勘测定界

建设项目用地勘测定界可使建设项目用地审批工作科学化、制度化和规范化，进而加强土地管理，具有综合性、专门性和精确性等特点。一般由具有相关资质的技术单位，在接受用地单位的勘测定界委托后，按一定程序进行勘测定界。

第一节　建设项目用地勘测定界概述

一、建设项目用地勘测定界的概念

建设项目用地勘测定界（以下简称勘测定界）是指对农用地转用、土地征用、划拨和有偿使用等方式提供的各类建设项目，实地划定范围、确定土地权属、测定界桩位置、标定用地界线、调绘土地利用现状和进行面积量算汇总等，供各级土地行政主管部门审查报批建设项目用地的测绘技术性服务工作。

二、建设项目用地勘测定界的目的与特点

1.建设项目用地勘测定界的目的

建设项目用地勘测定界的目的是确保我国实行最严格的耕地保护制度和节约集约用地制度，保障国土部门用地审查，使建设项目用地审批工作更加科学化、制度化和规范化，健全我国用地准入制度，使项目用地依法、科学、集约和规范，严格控制非农业建设占用耕地，加强土地管理重要举措。建设项目用地勘测定界工作是项目用地从立项到审批程序中的重要环节，是用地审批不可或缺的重要依据。

2.建设项目用地勘测定界的特点

(1)综合性。建设项目用地勘测定界工作兼有地籍调查、土地利用现状调查以及放样测量三者的内容。

(2)专门性。建设项目用地勘测定界是一项专门为建设项目用地审批工作提供的专门技术工作。

(3)精确性。建设项目用地勘测定界成果直接服务于用地审批工作，同时也服务于土地

管理的其他工作，其精确性应与土地管理，特别是地籍管理的工作要求相衔接。外业工作严格按照《建设用地勘测定界技术规程（试行）》的要求进行，内业工作采用先进的科学技术手段，实时自检、互检，以保证最终成果的精确性。

（4）及时性。建设项目用地勘测定界在一定程度上制约着工程进展速度，这就要求勘测定界人员准确、及时地提交规范的勘测定界成果，提高审批效率。

（5）法律性。建设项目用地勘测定界成果对用地审批、土地登记等具有一定的法律效力。

三、建设项目用地勘测定界的工作程序

建设项目用地勘测定界工作是项目实施过程中的重要环节。为确保勘测定界成果符合相关技术规程要求及进度安排，对于已取得“土地勘测许可证”和“测绘资格证书”的技术单位，在接受了用地单位的勘测定界委托后，即可进行工作。必须有条不紊地按照勘测定界内容有序开展工作，才能达到预期目的。根据土地勘测定界工作的特点和规律，将其工作分为准备工作、外业工作、内业工作、成果检查验收及归档四个阶段进行。各个阶段之间的关系如图 8－1 所示。

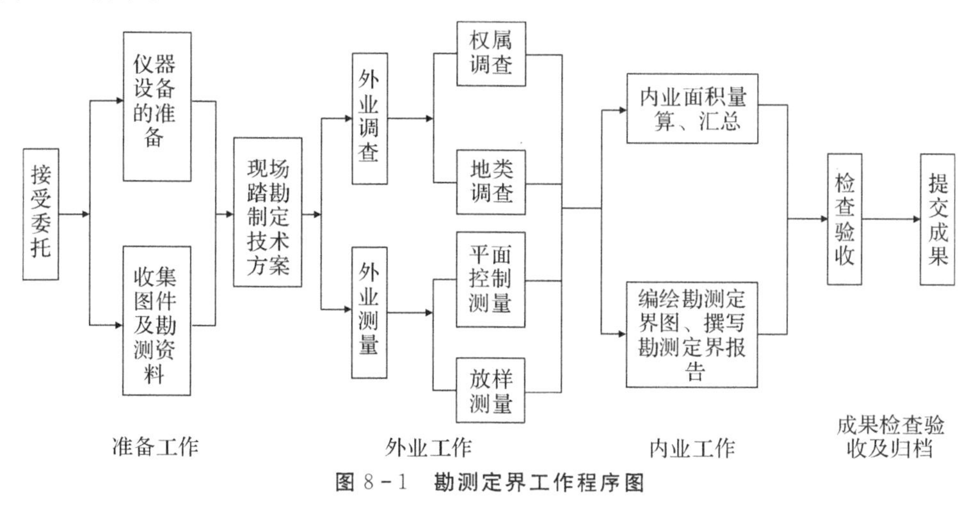

图 8－1　勘测定界工作程序图

第二节　建设项目用地勘测定界的准备工作

勘测定界的准备工作主要包括接受委托、组建工作队伍、收集资料、现场踏勘、制定技术方案等内容。

1. 接受委托

经审核后，具备勘测定界的勘测单位，须持有用地单位或有权批准该建设项目用地的人民政府土地管理部门的勘测定界委托书，方可开展此项工作。

2.组建工作队伍

根据建设项目的大小和建设项目用地勘测定界的工作程序，成立领导小组，确定项目总负责人，组建分工明确的外业调查组、外业测量组、内业整理汇总组等具体工作小组，并分配相应的人员。

3.收集资料

建设项目用地勘测定界收集的资料主要有建设项目相关文字材料、图件资料、勘测资料以及权属证明材料等。

(1)文字资料。文字资料主要包括：用地单位提交的城市规划区域内建设用地规划许可证或选址意见书；经审批的初步设计方案及有关资料；土地管理部门在前期对项目用地的审查意见；等等。

(2)图件资料。勘测定界工作应尽量搜集用地范围内的地籍图和地形图，比例尺不小于1∶10 000的土地利用现状调查图、土地利用总体规划图、基本农田界线图、测区范围内的航片图、土地权属界线图，用地单位提供的由专业设计单位承担设计的用地范围图以及比例尺不小于1∶2 000的建设项目工程总平面布置图，大型工程或线形工程比例尺不应小于1∶10 000的总平面布置图。

(3)勘测资料。勘测资料包括项目用地范围附近原有的平面控制点坐标成果、控制点标记、控制点网图、原控制网技术设计书、有关坐标系统及投影带、投影面和建设项目特征点坐标等资料。

(4)权属证明资料。权属证明资料包括土地权属文件、征用土地文件、土地承包合同(或协议)、土地出让合同、清理违法占地的处理文件和用地单位的权源证明等，将其作为权属认定的依据。此外，还应收集工作范围内各种用地和建(构)筑物的产权资料作为权属检核的依据。

4.现场踏勘

依据建设项目工程总平面布置图上的用地范围及用地要求，进行实地踏勘，调查用地范围内的行政界线、地类界线以及地下埋藏物，用铅笔绘示于地图上，并了解勘测的通视条件及控制点标石的完好情况。

除此之外，对于大型和线性建设项目用地，还应调查了解建设项目沿线地理和交通条件。

5.制定技术方案

根据收集、查阅的资料和现场踏勘情况，制定建设项目用地勘测定界工作技术议案。其主要内容包括：

(1)项目概况、用地范围、地理位置、交通条件、权属状况和地形地貌等。

(2)工作程序、时间要求、经费安排和人员配备情况。

(3)工作底图的选择、测量方法、测量精度和测图比例尺的确定以及最终成果和要求。

(4)控制网的布设方法、测量所需仪器和技术依据等。

第三节　建设项目用地勘测定界的外业工作

建设项目用地勘测定界外业调查是勘测定界中的基础性工作，其工作内容包括权属调查和地类调查，调查内容包括：查清用地范围内的村、农、林、牧、渔场、居民点外的厂矿、机关、团体、部队、学校等企事业单位的土地权界和使用权界；查清用地范围内的土地利用类型及分布。权属调查成果应及时、准确地反馈于外业测量人员，以便进行权属界址桩的测量。

一、准备工作底图

工作底图是指开展建设项目用地勘测定界调查工作的底图，是外业调查、转绘、面积量算、编制土地勘测定界图的基础图件。

勘测定界所用工作底图应是用地范围内现势性较好的地籍图或地形图。工作底图的比例尺应与勘测定界图的比例尺相同，一般不小于1∶2 000。大型工程经有权批准该项目用地的政府国土资源管理部门批准，工作底图比例尺可不小于1∶10 000。

城市批次用地的土地勘测定界一般用地籍图作为工作底图。大型工程用地(例如水库库区、大型线状工程等)的土地勘测定界一般将航片与地形图相结合作为工作底图。

二、权属调查

对建设用地占用的各权属单位土地，在土地利用现状调查、城镇地籍调查时已形成的土地权属界线协议书核定的权属界线经复核无误的，本次勘测定界调查时不再重新调查，否则应重新调查。因此，权属调查的工作程序应根据准备工作阶段的收集资料情况分两种进行：一种是具备土地权属定界资料的调查，另一种是不具备土地权属定界资料的调查。

三、地类调查

地类调查应在土地利用现状调查的基础上，按照《土地利用现状调查地(市)级汇总技术规程》(TD 1002—1993)及《土地利用现状分类》(GB/T 21010—2007)的要求，以接受勘测定界委托时为调查时点，通过现场调查及实地判读，将用地范围内及其附近的各地类界线测绘或转绘在工作底图上，并标注地类编号。在地类调查的同时，实地调绘基本农田界线和农用地转用范围界线。

四、外业测量

外业测量是指根据项目用地的初步设计图或规划用地范围图实地放样界址点，然后对用地界址点(包括权属界址点、行政界址点)进行解析测量，并埋设界址桩及实施放线。土地勘测定界外业测量工作程序一般是平面控制测量→界址点放样→界址点测量→实施放线。

（一）平面控制测量

控制测量是为细部测量服务的，建设项目用地勘测定界一般是在控制测量的基础上放样界址点。当测区已具备施测控制网时，可直接引用进行放样。但界址点测量的精度应满足《建设用地勘测定界技术规程（试行）》的要求，否则就要重新进行平面控制测量。建设项目用地勘测定界平面控制测量的主要标准见表 8－1～表 8－5。

表 8－1　首级控制网等级的确定

测区面积/km^2	首级平面控制等级	测区面积/km^2	首级平面控制等级
＞10	四等以上控制网	0.4～3	二级导线
3～10	一级导线	＜0.4	图根导线

表 8－2　GPS 网的主要技术指标

等 级	平均距离/km	a/mm	$b/10^{-6}$	最弱边相对中误差
二等	9	10	2	1/120 000
三等	5	10	5	1/80 000
四等	2	10	10	1/45 000
一级	1	10	10	1/20 000
二级	1	15	20	1/10 000

表 8－3　三角网的主要技术

等 级	平均边长/km	测角中误差/（″）	起始边相对中误差	最弱边相对中误差
二等	9	±1	1/300 000	1/120 000
三等	5	±1.8	1/200 000	1/800 00
四等	2	±2.5	1/120 000	1/450 00
一级小三角	1	±5	1/40 000	1/20 000
二级小三角	0.5	±10	1/20 000	1/10 000

表 8－4　电磁波测距导线的主要技术要求

等级	复合导线长度/km	平均边长/m	每边测距中误差/mm	测角中误差/（″）	导线相对闭合差
三等	15	3 000	±18	±1.5	1/60 000
四等	10	1 600	±18	±2.5	1/40 000
一级	3.6	300	±18	±5	1/14 000
二级	2.4	200	±18	±8	1/10 000
三级	1.5	120	±18	±12	1/6 000

表 8-5　图根导线的主要技术要求

等 级	导线长度/km	平均边长/m	测回数		方位角闭合差/(″)	导线全长相对闭合差	坐标闭合差/m
			DJ_2	DJ_6			
一级	1.2	120	1	2	$\pm 24\sqrt{N}$	1/5 000	0.22
二级	0.7	70		1	$\pm 40\sqrt{N}$	1/3 000	0.22

(二)建设项目用地界址点放样

测区的控制网逐级布设完成后,进行界址点的勘测放样。界址点放样的依据是建设项目用地条件。建设项目用地条件多为用地边界与规划道路或指定地物的相对关系,在地物稀少地区也可确定为界址点的设计坐标。建设项目用地条件是用地测量的法定文件,作业者不得擅自改动。

1.根据建设项目用地条件确定放样数据和放样方法

(1)项目用地条件提供拟用地界址点坐标时,可根据拟用地界址点坐标用全站仪或RTK测量技术进行放样,也可根据拟用地界址点坐标、控制点坐标和地物点坐标计算出拟用地界址点同控制点及地物点的相关距离和角度,采用极坐标法、距离交会法、前方交会法进行放样。

(2)项目用地条件提供拟用地界址点相对于控制点及地物点的距离和角度等有关数据时,可选用距离交会法或前方交会法进行放样。

(3)项目用地条件只提供用地图纸,而没有提供拟用地界址点坐标或拟用地界址点相对于控制点及地物点的距离和角度等有关数据时,可以根据初步设计图或规划用地范围图,在图上拟定界址桩位置,量取拟用地界址点坐标或拟用地界址点与控制点、地物点的相关距离和角度,按照前述两种方法进行放样。

2.线形工程和大型工程的放样

1)线形工程的放样

线形工程包括公路、铁路、河道、输水渠道、输电线路、地上和地下管线等。线形工程的勘测定界,其放样方法可根据具体情况,采用图解法或解析法。

(1)图解法。当线形工程的线路不长且线路基本为直线时,可采用图解法放样。根据设计图纸上所列出的定线条件,即线状地物中线与附近地物的相对关系,实地以有关线状地物点为基准采用全站仪测出中线位置。直线段每隔150 m应定出一个中线点。

(2)解析法。当线形工程的线路较长且有折点或曲线时,应采用解析法放样。首先布设控制测量点。根据设计图纸给出的定线条件,以及线路中线的端点、中点、折点、交点及长直线加点的坐标,反算出这些点与控制点间的距离和方位。以控制点为基准,采用经纬仪、钢尺或测距仪放样出线路的中线。平曲线测设可采用偏角法、切线支距法或中心角放射法等。圆曲线和复曲线应定起点、中点、终点,回头曲线应定半径、圆心、起终点。

2)大型工程的放样

大型工程放样根据具体情况可以利用不小于1∶10 000的土地利用现状调查图或地形

图,根据设计图纸上的折点和曲线点,在现场根据图上判读,实地定桩。

3. 界址桩的设置

界址点是用地相邻界址线的交点,界址桩是埋设在界址点上的标志。界址桩之间的距离,直线最长为150 m。

1)界址桩的类型

勘测定界界址桩类型主要有混凝土界址桩、带帽钢钉界址桩及喷漆界址桩。界址桩应用范围如下:

(1)混凝土界址桩。用地范围地面建筑已拆除或界址点位置在空地上,可埋设混凝土界址桩。

(2)带帽钢钉界址桩。在坚硬的路面、地面或埋设混凝土界址桩困难处,可钻孔或直接将带帽钢钉界址桩钉入地面。

(3)喷漆界址桩。界址点位置在永久明显地物(如房角、墙角等)上,可采用喷漆界址桩。

2)界址点的编号及点之记

界址点编号时,用地单位的界址桩在图纸上须从左到右、自上而下统一按顺序编号。新用地的界址点与原用地界址点重合的,采用原界址桩编号。

项目用地界线的界址点一般采用"JX"表示。权属界线(行政界线)与用地范围线的交叉界址点编号应冠以字母表示。其中,S表示省界,E表示地区(市)界,A表示县界,X表示乡(镇)界,C表示村界或村民小组界,J表示基本农田界,G表示国有土地的界线。

铁路、公路等线形工程的界址点编号可以采用"里程+里程尾数"的格式进行编号,按里程增加为前进方向,在里程数前冠以字母L为左边界桩,R为右边界桩。例如,PK45+400表示45.4 km处的前进方向右边界桩。

界址桩的位置在实地确定以后,对埋石点或主要转折点均应在现场测记"界址点点之记"。"界址点点之记"略图应反映界址桩邻近四周地形、地物情况和必要的文字注记(路名、水系名等)。量取与附近地物点的撑线三条(不少于两条,如附近地物稀少,可借助于附近的明显地物,如田埴交叉点、道路交叉点、池塘边角打辅助桩量取撑线),并用红漆在地物点上标出点号和尺寸,以便他人根据点之记在现场寻找界址桩位置。点之记用0.2 mm线条绘制,撑线用虚线表示,测量数据注记到厘米,文字注记力求端正整齐,避免倒置,界址桩点用相应图例符号绘制。界址点撑线应尽量选取用地范围外不拆除的建筑物。

(三)界址测量

为保证界址放样的可靠性及界址坐标的精度,在界址桩放样埋设后,须用解析法进行界址测量。界址测量应按照《城镇地籍调查规程》(TD 1001—2012)的要求进行。政府用于审批的项目用地的界址点必须进行测量,经测量的界址点坐标才能作为审批坐标。项目用地初步设计的界址点坐标、项目工程总平面布置图上的界址点坐标只能作为勘测定界放样数据准备的依据,不能作为审批坐标。个别项目用地经有权批准项目用地的政府国土资源管理部门认可,可以不进行界址测量。

1. 测量方法

界址测量一般采用极坐标法，须在已知控制点上设站。角度采用半测回测定，经纬仪对中误差不得超过±5 mm。一测站结束后必须检查后视方向，其偏差不得大于±1′。距离测量可用电磁波测距仪或钢尺，用钢尺测量时一般不得超过二尺段，使用电磁渡测距仪可放宽至300 m。

2. 精度要求

(1)解析测定界址点坐标相对邻近图根点的点位中误差，不得大于5 cm。

(2)界址线与邻近地物或邻近界线的距离中误差，不得大于5 cm。

(3)勘测定界图上的界址点平面位置精度，以其相对于邻近图根点的点位中误差及相邻界址点的间距中误差，在图上不得大于表8-6的规定。

表8-6　勘测定界图的精度指标

	图纸类型	1∶500	1∶1 000或1∶2 000
精度/mm	薄膜图	0.8	0.6
	蓝晒图	1.2	0.8

(4)勘测定界图上所给的用地界线与邻近地物界线的间距差不得大于1.2 mm。

(5)界址边丈量中误差不得大于5 cm。

第四节　建设项目用地勘测定界图编制与面积量算

一、建设项目勘测定界图编制

建设项目用地勘测定界图是用于建设用地审批的主要图件材料，是量算项目用地占用各权属单位土地面积、基本农田面积、不同地类面积的基本图件。勘测定界图不但要有较高的精度，还要准确地反映出用地周边的土地利用状况。勘测定界图是集各项地籍要素、土地利用现状要素和地形地物要素为一体的区域性综合图件。勘测定界图可利用实测界址点坐标和实地调查测量的权属、地类等要素在地籍图或地形图上编绘或直接测绘。为了便于勘测定界图件资料的储存、管理、编辑和资料更新，应尽可能地采用计算机对其进行数字管理。

(一)勘测定界图的内容

勘测定界图的主要内容包括：用地权属界线、界址点位置和用地总面积(大型项目用地，因土地勘测定界图分幅较多，可以不标注用地总面积)；用地范围内各权属单位名称及地类符号或名称；用地范围内占用各权属单位土地面积及地类面积；用地范围内的行政界线、各权属单位的界址线、基本农田界线、土地利用总体规划确定的城市和村庄集镇建设用地规模范围内农用地转为建设用地的范围线、地类界线；地上物、地下管线、地下埋藏物、各种文字注记、数学要素;等等。

1.界址点与用地界线

用地界线是建设项目占用土地的范围线,建设项目完工后,它就是该宗地的界址线。为了与地籍工作衔接及利用勘测定界成果进行土地登记发证,编制勘测定界图时,用地界线及界址点的绘制应与地籍图一致。

2.用地范围内的行政界线、权属界线

用地范围内的行政界线及各权属单位的界址线是量算建设项目占用各权属单位土地面积的主要依据。用地范围内的行政界线主要有:省、自治区、直辖市界;自治州、地区、盟、地级市界;县、自治县、旗、县级市及城市内的区界;各权属单位的界址线;乡、镇、村界,国有农、林、牧、渔场界及国有土地使用界线。两级行政界线重合时取高级界线,境界线在拐角处不得间断,应在拐角处绘出点或线。用地范围内的行政界及各权属单位的界址线用红色表示,图例按照《地籍调查规程》(TD/T 1001—2012)的要求表示。

土地权属界线原则上一般应由权属双方的法人代表现场指界,双方认可。一种方法是,测量人员根据权属双方指定的界线进行测绘,并将其坐标成果展绘在土地勘测定界图土;另一种方法是,到有关部门搜集测区的土地利用现状调查资料、土地登记资料,根据收集的权属界线描述资料,将测区范围内的所有权属界线一一描绘在土地勘测定界图上。

3.地物、地貌、地类界线及文字注记

地物及地貌包括用地范围内及外延区域的各类垣栅管线、房屋、水面界线、道路界线、斜坡、陡坎、路堤、台阶及地类符号注记等。地物及地貌图例按《地形图图例》的要求表示,地类符号图例则按照《土地利用现状调查技术规程》(省级、地市级)的要求表示。地物、地貌和地类界线原则上采用原有地形图或地籍图上所反映的一切信息。现场调绘时如发现地物的增减与变化,或用地界线改变时,要及时进行修测或补测。地类界线是用地范围内各种不同图斑的界线,它是量算建设项目占用各权属单位的不同地类面积及征地补偿的主要依据。文字注记包括地名、权属单位名称、道路名称、水系名称及有特色的地物名称等。

4.用地范围内占用各权属单位土地面积及地类面积

用地范围内占用各权属单位土地面积及地类面积在编辑好的勘测定界图上量算,用红色分式在相应的权属单位或地块上表示,分子是用地范围内占用各权属单位土地面积及地类面积,单位是 m^2 或 hm^2,分母是地类编号或权属单位名称。

5.基本农田界线和农用地转用范围线

基本农田界线是项目用地占用基本农田的范围界线,也是量算项目用地占用基本农田面积的主要依据。农用地转用范围线是项目用地占用已批准的土地利用总体规划确定的城市和村庄、集镇建设用地规模范围内农用地转为建设用地的范围线。

6.数学要素

数学要素包括图廓线、坐标格网线及坐标注记、控制点及其注记、图框外比例尺说明等。

(二)勘测定界图的编绘

勘测定界图是集各项地籍要素、土地利用线状要素和地形、地物要素为一体的区域型综合图件。利用现有的地籍图或地形图，应检查其现势性，发生变化的，应及时进行修测或补测。若没有现势性较好的地籍图或地形图，可以将工作底图扫描或数字化形成电子底图，编绘工作直接在电子底图上进行。勘测定界图的比例尺一般不应小于1∶2 000，在其编绘完成后必须加盖实施勘测定界单位的“勘测定界专用章”。大型工程勘测定界图的比例尺不应小于1∶10 000。

在编绘勘测定界图时，注意选择适当的比例尺，以保证用图的精度。按《建设用地勘测定界技术规程(试行)》的要求，勘测定界图的平面位置精度为其相对于邻近图根点的点位中误差及相邻平面点间距的中误差，在图上符合表8-7的规定。

表8-7　勘测定界图的平面位置精度

图纸类型	1∶500	1∶1 000或1∶2 000
薄膜图精度/mm	0.8	0.6
蓝晒图精度/mm	1.2	0.8

勘测定界图的分幅方法与地形图的分幅方法相似。勘测定界图分幅编号应以小比例尺图件为基础，逐级编定较大比例尺的地籍图图幅号。

为了便于土地勘测定界图件资料的储存、管理、编辑和资料更新，勘测定界资料和图件应尽可能采用计算机进行数字图形管理。

1.勘测定界图的分幅

勘测定界图原则上采用地形图或地籍图的分幅方式，即幅面采用50 cm×50 cm和50 cm×40 cm。线形用地或大型项目用地的勘测定界图，可以采用自由分幅。项目用地范围涉及多幅图纸，应编绘用地范围接合图。

2.界址点及界址线的绘制

利用放样后复测的界址点坐标，直接展绘在工作底图上，在图上连接界址点形成界址线。如果没有实测界址点坐标，可根据实地丈量界址点与附近明显地物的关系距离，在图上用距离交会的方法绘出界址点位置。界址点分为埋石(包括建筑物拐角界址点)和不埋石两种。将界址点按一定顺序连接成界址线。界址桩在图上必须从左到右、自上而下统一按顺时针编号。界址桩之间的直线距离，最长为150 m，转折点处必须设置界址桩。对于大型线性工程，直线段距离可适当延长。界址点位置用直径为0.8 mm宽的红线圆圈表示。界址点编号形式：如果用地面积较小，可按阿拉伯数字1，2，3…顺序编制；如果用地面积较大，可采用地名或工程名的汉语拼音头一个字母作为代号顺编。所有界址点的编号或代号一律写在用地范围外侧。

为了清楚地表示各种界线，勘测定界图上项目用地边界线可根据用地范围的大小用0.2～0.4 mm宽红色实线表示；基本农田界线用绿色实线绘制；农用地转为建设用地范围线用黄色实线绘制；地类界线用直径0.3 mm、点间距1.5 mm的点线表示。

3.行政界线、权属界线、基本农田界线、农用地转用范围线及地类界线的绘制

用地范围内的行政界线、各权属单位界址线的编绘，应充分利用土地利用现状调查资料或农村集体土地产权调查资料进行编绘。按照土地利用现状调查时签署的土地权属界线协议书及界址走向描述或农村集体土地产权调查时填写的集体土地权属调查表，直接在工作底图上绘制用地范围内的行政界线、各权属单位的界址线。

当土地权属界线协议书或集体土地权属调查表上界线走向模糊且文字说明较简单，无法直接编绘时，应由相邻权属单位代表实地指定用地范围线与行政界线及各权属单位界址线的交点，并实地丈量其与附近明显地物的关系距离，在图上用前方交汇的方法绘出用地范围线与行政界线及各权属单位界址线的交点位置。当进行较高精度的勘测定界时，应实地测量用地范围线与行政界线及各权属单位界址线的交点坐标，并将其展绘在工作底图上。

外业期间一定要搞清楚行政界线、权属界线，内业绘图时应按《地籍调查规程》及《土地利用现状调查技术规程》的规定执行。基本农田界线应根据土地利用现状图或土地利用总体规划上的基本农田界线转绘到工作底图上；农用地转用范围线应按照土地利用总体规划或土地利用年度计划等进行转绘；地类界线应利用地籍图、地形图及土地利用现状图上的地类或图斑界线转绘，当发生变化时，应根据地类调查资料进行修改。

4.用地面积、各种符号绘制及文字、数字的注记

勘测定界图上用地范围内每个权属单位均应在适当位置注记权属单位名称和面积，每个地块也均应在适当的位置注记地类号和面积。各种符号的绘制一般情况下按照《地籍调查规程》及《土地利用现状调查技术规程》的规定执行。对于上述两个规程未作规定的图式，则应按照国家颁布的现行比例尺图式执行。

二、勘测定界面积量算和汇总

建设项目用地勘测定界面积量算和汇总的数据是用地审批中的一项关键数值，因此要求作业人员在量算面积及汇总统计时必须具有严谨的工作作风和认真负责的工作态度，必须按规定的表格认真填写，字迹工整清晰，不得涂改。面积量算应在勘测定界图上进行，其计算单位以平方米(m^2)计，并保留小数点后一位。当量算面积值较大时，可用公顷(hm)为单位，并保留小数点后四位。

(一)建设项目面积量算内容

建设项目面积量算主要内容包括：项目用地的总面积；项目占用集体土地、国有土地的面积和占用农用地、建设用地、未利用地的面积；量算出征用面积和其中占耕地、基本农田的

面积;划拨土地的数量;出让土地的数量;代征土地面积和其中占耕地、基本农田的面积;临时用地面积;规划道路面积。同时,还要把占用他项权利的集体土地或国有土地的面积量算出来,以便为土地登记提供数据。

(二)面积量算的方法

与其他面积量算的方法相同,勘测定界面积量算可采用坐标法、几何图形法、求积仪法。对于目前已广泛采用的数字图,则由计算机直接统计面积。

(三)面积量算的原则与精度

1.面积量算的原则

图上面积量算应遵循“分级量算,按比例平差,逐级汇总”的原则。以项目用地总面积作控制,先量算起控制作用的各土地使用单位的面积(如县、乡、村面积或国有单位面积),再量算其内部的地类面积,从上而下,分级量算。各量算面积之和与控制面积之间的误差称作闭合差,在容许误差范围内(小于1/200)可根据面积的大小按比例平差。平差后的面积,再自下而上,逐级汇总。

2.精度要求

(1)图上两次独立进行的面积量算较差限差:

$$\Delta \leqslant 0.0003M\sqrt{P}$$

式中 P——量算面积,m^2;

M——勘测定界图纸比例尺分母。

满足要求后,取其平均值为量算地块的最终面积。

(2)几何图形法计算面积的误差应小于2.04MLP,ML是界址边量算的中误差(m),P是宗地面积(m^2)。

满足要求后,取其平均值为量算地块的最终面积。

(四)面积量算数据汇总

为保持资料及数据的一致性、科学性和实用性,面积单位及土地分类及填表格式必须全国一致。具体要求如下:

(1)地类统计要求。地类分类按国土资源部〔2001〕255号文件规定填写。现状地类与土地利用现状调查图上不一致时,应在勘测定界技术报告及面积量算表中注明。

(2)在同一宗报批用地中,如果有不同的权属地块,如代征(国家征用集体土地后安置移民)、征用(国家征用集体土地)、使用(原国有单位及国有性质的土地需改变用途),应分别列表量算、统计、汇总。

第五节　建设项目用地勘测定界技术报告

勘测定界最后成果体现于技术报告书。建设项目用地勘测定界技术报告分为征地报告和供地报告，两者内容大同小异。以征地报告为例，其内容包括建设项目勘测定界技术说明、勘测定界表、勘测面积表、土地分类面积表、勘界图、界址点坐标成果表、土地利用现状图、权属审核表等。

一、勘测定界技术说明

勘测定界技术说明主要包括勘测定界的目的和依据、施测单位、施工日期、勘测定界外业调查情况、勘测定界外业测量情况、勘测定界面积量算与汇总情况、工作底图的选择、勘测定界图编绘（测量）方法、对成果资料的说明以及自检情况等。

二、勘测定界表

勘测定界表主要填写内容有建设单位名称及单位地址、主管部门、土地坐落及用途、相关文件、图幅号、勘界单位的签注。勘界单位主管领导、项目负责人及审核人应在勘测定界表上签字，建设项目勘测定界表见表 8－8。

表 8－8　勘测定界表

建设单位名称		联系人	
单位地址		联系电话	
主管部门		单位性质	
测量单位			
土地坐落			
用途		申请日期	
提供相关文件		界址点数	
图幅号			
勘测定界单位			
地籍部门复核意见	复核人：		
审核单位意见	审核人：		

四、勘测定界面积表

勘测定界面积表是集体土地及国有土地的总面积，申请用地占用农用地、建设用地未利用地的总面积，征用集体土地的总面积，国有土地划拨的总面积，国有土地出让的总面积，代征的集体土地总面积，由用地单位申请作为规划道路的总面积，临时使用土地的总面积等。建设项目勘测定界面积表见表8－9。

表8－9　勘测定界面积表

单位：m^2

性质	面积	其中(供地方式)			备注
		出让	划拨	租赁	
征收					
拨用					
使用					
临时使用					
合计					

五、土地分类面积表

勘界面积量算和汇总的数据是用地审批中一项关键的数据。项目用地面积核定内容包括：项目用地总面积、项目占用集体土地、国有土地的面积，占用农用地、建设用地、未利用地的面积，征用面积和其中占用耕地、基本农田的面积，划拨或出让土地的数量，起征土地面积和其中占用耕地、基本农田的面积，临时用地面积，规划道路面积。同时，还要把占用他项权利的集体土地或国有土地的面积量算出来，以便为土地登记提供依据。

第六节　建设项目用地勘测定界成果检查验收和归档

一、勘测定界成果组成

勘测定界内业工作结束后，应提交勘测定界图、外业记录、计算手簿、控制网点图、平差计算资料等内外业资料及建设项目用地勘测定界技术报告书，供土地管理部门审查核定。

二、勘测定界成果检查

检查工作是勘测定界过程中的重要环节，应以《建设用地勘测定界技术规程(试行)》为依据，严格进行内外业检查，发现问题及时纠正。检查内容主要包括平面控制、细部测量、勘测定界图和技术报告书等内外业观测记录、计算资料及图件，实施单位须提供详细的自检报告。

三、勘测定界成果验收

勘测定界工作完成后，应由有权批准用地的人民政府的土地管理部门指派已取得“土地勘测许可证”的勘测单位，按本技术规程的要求验收，提交验收报告。

四、勘测定界成果提交

承担机构将验收合格后的勘测定界成果资料一式三份，分别提交给用地单位、呈报和审批该建设项目用地的政府土地管理部门。

五、重新勘测定界

依法批准的建设项目用地范围、面积与呈报的不一致时，须根据审批结果对变化的部分重新进行勘测定界。重新勘测定界成果经验收合格后，按勘测定界成果提交要求进行提交。

第九章　现代技术在地籍测量中的应用

第一节　全站仪在地籍测量中的应用

一、全站仪简介

1. 全站仪的概念

全站仪全称为全站型电子速测仪。它由光电测距仪、电子经纬仪、微处理机、电源装置和反射棱镜等组成，是一种集自动测角、测距、测高程于一体，实现对测量数据的自动获取、显示、存储、传输、识别和处理计算的三维坐标测量与定位系统。由于只需安装一次仪器就可以完成本测站所有测量工作，故被称为"全站仪"。

2. 全站仪的精度与结构

全站仪种类很多，按测角精度分为 0.5″，1.0″，1.5″，2.0″，3.0″，5.0″及 7.0″等级别。它将电子经纬仪、测距仪和微处理机融为一体，共用一个望远镜并安装在同一外壳内，成为一个整体，不能分离。野外采集的测量数据可通过机内存储器自动存储，作业完成后通过通信电缆将主机与计算机连接，进行数据传输。这种仪器性能稳定，使用方便。

3. 全站仪的结构原理

全站仪的结构原理如图 9－1 所示。图中上半部分包含有测量的四大光电系统，即测距、测水平角、测竖直角和水平补偿。电源是可充电电池，满足各部分运转和望远镜十字丝、显示器的照明用电。键盘是测量过程的控制系统，测量人员通过键盘可调用内部指令，指挥仪器的测量工作过程和测量数据处理。以上各系统通过 I/O 接口接入总线与计算机系统联系起来。

微处理机是全站仪的核心部分，它如同计算机的中央处理器，主要由寄存器系列（缓冲寄存器、数据寄存器和指令寄存器等）、运算器和控制器组成。微处理机的主要功能是根据键盘指令启动仪器进行测量工作，执行测量过程的检核和数据的传输、处理、显示和储存等工作，保证整个光电测量工作有条不紊地完成。输入/输出单元是与外部设备连接的装置（接口）。为便于测量人员设计软件系统，处理某种目的的测量工作，在全站仪的微型电脑中还配置有程序存储器。

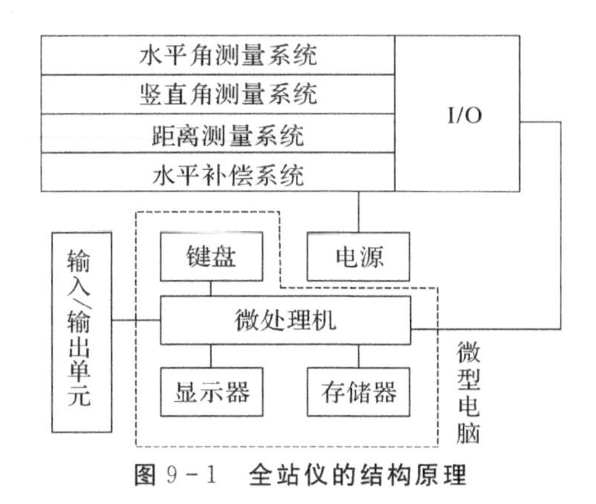

图 9-1　全站仪的结构原理

二、全站仪在地籍测量中的应用

一般全站仪均有角度测量、距离测量、三维坐标测量、后方交会、放样测量、对边测量、面积计算和地形测量等功能。这些功能在现代地籍测量中发挥着重要作用，利用全站仪，可以大大提高地籍测量的作业精度和作业效能。

1. 加密地籍测量控制点

全站仪加密地籍测量控制点的方法是在高一级的控制点之间，利用全站仪测设附合导线、支导线或支点，以解决地籍测量中控制点密度不足的问题。

2. 测绘宗地图

全站仪测绘宗地图标志着数字化地籍测量的初步形成，它具有传统方法绘制宗地图无可比拟的优越性。

利用全站仪进行野外测量，点号记录时采用一定的规则以便后续的自动成图工作顺利进行，利用全站仪内存进行野外观测数据记录，生成全站仪数据内部记录文件，形成各种格式的文本文件，供后续的控制平差和细部计算，生成界址点和地物点的坐标文件。全站仪对测量不规范的控制点及其他内容进行警告提示，对严重错误进行出错提示，输入勘丈表及全站仪采集时所编的点号与勘丈时的界址点号及最终界址点号间的对应关系。

最后可利用 AutoCAD 绘制宗地图。其内外业一体化的作业流程如图 9-2 所示。

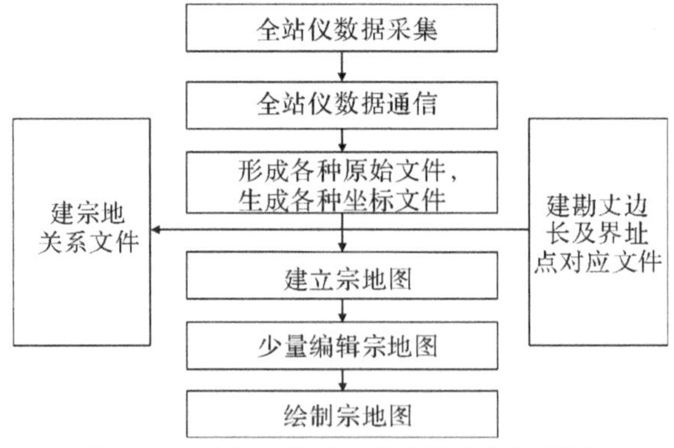

图 9-2　宗地内外业一体化的作业流程图

由于AutoCAD系统是开放式结构，便于用户进行二次开发。利用这一特点，通过编制程序，可快速、准确地实现宗地图的自动生成，无须人工干预，大大提高了工作效率。同样，图幅的裁边也可以通过类似方法来实现，而绘图则通过与计算机相连的绘图仪来完成。

第二节　GPS技术在地籍测量中的应用

一、GPS概述

全球卫星定位系统(Global Positioning System)简称为GPS，它是利用人造卫星发射的无线电信号进行导航、定位的系统。该系统由美国国防部于1973年开始组织研制，历经20年，耗资200多亿美元，于1993年成功建成并投入使用。GPS的出现引起了测绘技术的一场革命，它可以高精度、全天候和快速测定地面点的三维坐标，使传统的测量理论与方法产生深刻的变革，促进了测绘科学的现代化。

(一)GPS的特点

GPS作为一种导航系统具有以下主要特点：

(1)全天候作业。GPS观测工作，可以在任何地点、任何时间连续进行，一般不受天气状况的影响。

(2)全球连续覆盖。由于GPS卫星数目较多，其空间分布和运行周期经精心设计，可使地球上(包括水面和空中)任何地点在任何时候都能观测4颗以上卫星(不考虑障碍物和气候等外界因素的影响)，从而保证全天候连续三维定位。

(3)定位精度高。利用GPS系统可以获得动态目标的高精度坐标、速度和时间信息，在较大空间尺度上对静态目标可以获得10^{-6}～10^{-7}的相对定位精度。

(4)静态定位观测效率高。精度要求不同，GPS静态观测时间从数分钟到数十天不等，从观测采集到数据处理基本上是自动完成的。

(5)应用广泛。GPS以其全天候、高精度、自动化、高效率等显著特点成功地应用于资源勘探、环境保护、农林牧渔、运载工具导航和地壳运动监测等多个领域。

(二)GPS系统的组成

GPS系统由空间星座、地面监控和用户设备三大部分组成，如图9-3所示。

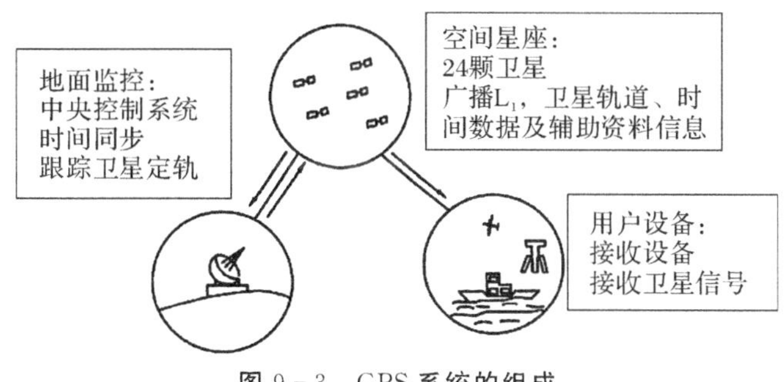

图9-3　GPS系统的组成

1. 空间星座

GPS 卫星星座:设计为 21 颗卫星加 3 颗轨道备用卫星,实际已有 31 颗卫星在轨道运行,如图 9-4 所示。其星座参数:卫星平均高度为 20 200 km;卫星轨道周期为 11 h 58 min;卫星轨道面为 6 个,每个轨道至少 4 颗卫星;轨道的倾角为 55°,为轨道面与地球赤道面的夹角。

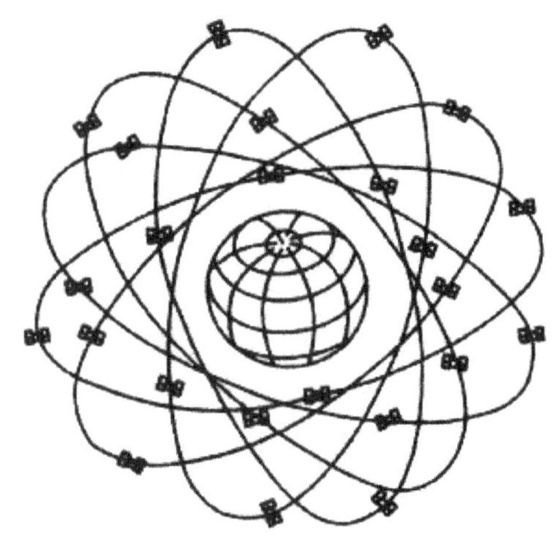

图 9-4 GPS 的空间星座

2. 地面监控

地面监控部分是支持整个系统正常运行的地面设施,由分布在全球的 5 个地面站组成,其中包括主控站、监测站和注入站,其分布如图 9-5 所示。

图 9-5 GPS 地面监控系统

(1)主控站。主控站有 1 个,设在美国科罗拉多州的施瑞福空军基地。它是整个 GPS 系统的"中枢神经"。其主要作用:根据本站和其他监测站的所有观测数据,推算各卫星的星历、卫星钟差、大气改正等参数,并把这些数据传送到注入站;提供全球定位系统的时间基准;甄别偏离轨道的 GPS 卫星,发出指令使其沿预定轨道运行;判断卫星工作状态,启用备用卫星代替失效的卫星。

(2)监测站。监测站共有 5 个,是在主控站直接控制下的数据自动采集中心,主要作用就是对 GPS 卫星数据和当地的环境数据进行采集、存储并传送给主控站。站内配备有 GPS 双频接收机、高精度原子钟、计算机和若干环境参数传感器。接收机用来采集 GPS 卫星数据、监测卫星工作状况。原子钟提供时间标准，环境参数传感器则收集当地有关的气象数据。所有数据经计算机初步处理后存储并传送给主控站，再由主控站做进一步的数据处理。

(3)注入站。注入站共有3个，分别设在大西洋的阿松森群岛、印度洋的迭哥伽西亚和太平洋的卡瓦加兰。其主要功能是在主控站的控制下，将主控站推算和编制的卫星星历、钟差、导航电文和其他控制指令等，注入相应卫星的存储系统，并监测注入信息的正确性。

3. 用户设备

GPS用户设备部分由GPS接收机硬件、相应的数据处理软件、微处理机及其终端设备组成。GPS接收机硬件包括接收机主机、天线和电源，它的主要功能是接收GPS卫星发射信号，以获得必要的导航和定位信息及观测量，并经简单数据处理而实现实时导航和定位。GPS软件是指各种后处理软件包，通常由厂家提供，其主要作用是对观测数据进行精加工，以便获得精密定位结果。

GPS接收机的种类很多，按用途不同分为导航型、测量型和授时型三类：

(1)导航型：定位精度较低，体积小，价格便宜，用于船舶、车辆和飞机等运载体的实时定位和导航。

(2)测量型：定位精度高，结构比较复杂，价格昂贵，用于控制测量、工程测量及变形测量中的三维坐标精密定位。

(3)授时型：主要用于天文台或地面监测站进行时间频标的同步测定。

二、GPS定位

GPS定位是以GPS卫星和用户接收机天线之间的距离(或距离差)为基础，并根据已知的卫星瞬时坐标，确定用户接收机所对应的点位，即待定点的三维坐标(X,Y,Z)。因此，GPS定位的基本原理是空间后方交会，显然其基本观测量是卫星到接收机天线之间的空间距离，如图9-6所示GPS定位。

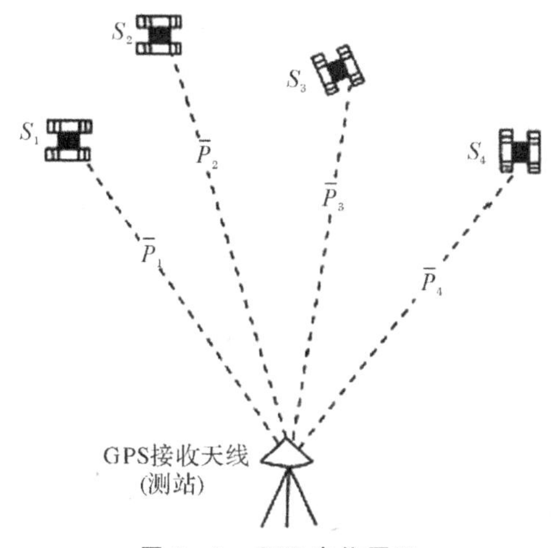

图9-6　GPS定位原理

(一)GPS定位原理

分伪距定位测量和载波相位测量两种。

1. 伪距定位测量

接收机测定调制码由卫星传播至接收机的时间，再乘以电磁波传播的速度，便得到卫星到接收机之间的距离。由于所测距离受到大气延迟和接收机时钟与卫星时钟不同步的影响，它不是真正星站间的几何距离，因此称为“伪距”。通过对四颗卫星同时进行“伪距”测量，即可解算出接收机的位置。

2. 载波相位测量

载波相位测量是把接收到的卫星信号和接收机本身的信号混频，从而得到混频信号，再进行相位差测量。根据相位差和载波信号的波长，可以解算出各卫星到接收机的“伪距”，通过对四颗卫星同时进行“伪距”测量，即可解算出接收机的位置。

(二)GPS定位方法

GPS定位方法按定位模式不同分为绝对定位和相对定位。

(1)绝对定位：又称单点定位，即在协议地球坐标系中，确定观测站相对地球质心的位置。如图9-6所示，在一个待测点上，用一台接收机独立跟踪GPS卫星，测定待测点(天线)的绝对坐标。由于单点定位受卫星星历误差、大气延迟误差等影响，其定位精度较低，一般为25～30 m。

(2)相对定位：即在协议地球坐标系中确定观测站与某一地面参考点之间的相对位置。相对定位是用两台或多台接收机在各个测点上同步跟踪相同的卫星信号，求定各台接收机之间的相对位置(三维坐标或基线向量)的方法。只要给出一个测点(可以是某已知固定点)的坐标值，其余各点的坐标即可求出。由于各台接收机同步观测相同的卫星，这样卫星钟的钟误差、卫星星历误差和卫星信号在大气中的传播误差等几乎相同，在解算各测点坐标时，可以通过做差有效地消除或大幅度削弱上述误差，从而提高了定位精度。

GPS定位方法按接收机天线所处的状态分为静态定位和动态定位。

(1)静态定位：定位过程，用户接收机天线(待定点)相对于地面，其位置处于静止状态。

(2)动态定位：定位过程，用户接收机天线(待定点)相对于地面，其位置处于运动状态。在GPS动态定位中引入相对定位方法，将一台接收机设置在基准站上固定不动，另一台接收机安置在运动的载体上，两台接收机同步观测相同的卫星，通过对观测值求差，消除具有相关性的误差，以提高观测精度。而运动点位置是通过确定该点相对基准站的相对位置实现的，这种方法称为差分定位，目前被广泛应用。

(三)GPS 测量的实施

GPS 测量实施的工作程序可分为技术设计、选点与建立标志、外业观测、成果检核与数据处理等 4 个阶段。

1. 技术设计

技术设计的主要内容包括精度指标的确定和网的图形设计等。精度指标通常是以网中相邻点之间的距离误差表示,它的确定取决于网的用途。

网形设计是根据用户要求,确定具体网的图形结构。根据使用的仪器类型和数量,基本构网方法有点连式、边连式、网连式和混连式 4 种。

2. 选点与建立标志

由于 GPS 测量观测站之间不要求通视,而且网的图形结构比较灵活,故选点工作较常规测量简便。但 GPS 测量又有其自身的特点,因此选点时应满足以下要求:点位应选在交通方便、易于安置接收设备的地方,且视场要开阔;GPS 点应避开对电磁波接收有强烈吸收、反射等干扰影响的金属和其他障碍物体,如高压线、电台、电视台、高层建筑和大范围水面等。点位选定后,按要求埋设标石,并绘制点之记。

3. 外业观测

外业观测包括天线安置和接收机操作。观测时天线需安置在点位上,工作内容有对中、整平、定向和量天线高。由于 GPS 接收机的自动化程度很高,一般仅需按几个功能键(有的甚至只需按一个电源开关键),就能顺利地完成测量工作。观测数据由接收机自动记录,并保存在接收机存储器中,供随时调用和处理。

4. 成果检核与数据处理

按照《全球定位系统(GPS)测量规范》(GB/T 18314—2009)要求,应对各项观测成果严格检查、检核,确保准确无误后,方可进行数据处理。由于 GPS 测量信息量大、数据多,采用的数学模型和解算方法有很多种,在实际工作中,一般是应用电子计算机通过一定的计算程序来完成数据处理工作。其数据处理程序如图 9-7 所示。

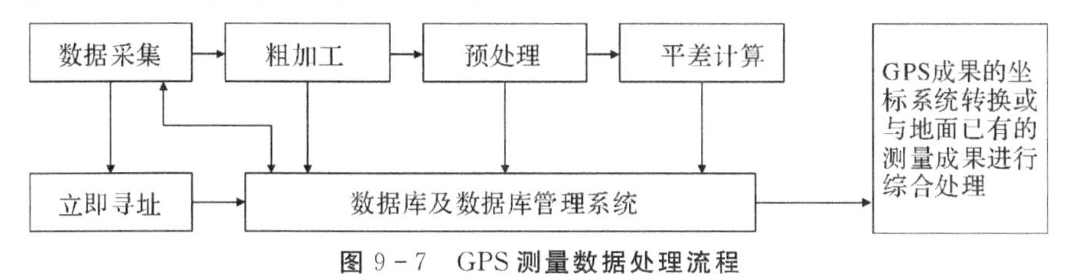

图 9-7　GPS 测量数据处理流程

(四)影响 GPS 定位精度的因素

影响 GPS 定位精度的因素有很多,首先是与 GPS 卫星有关的因素,如卫星钟差、卫星天线相位中心偏差和卫星轨道误差;其次是与信号传播介质有关的因素,如对流层折射、电离层折射、多路径效应和相对论效应;再次是与接收机有关的因素,如接收机钟差、接收机天线相位中心偏差以及地球旋转和固体潮等。

三、实时动态测量系统

(一)RTK GPS 测量概述

实时动态(Real Time Kinematic,RTK)测量系统,是 GPS 测时技术与数据传输技术相结合而构成的组合系统。它是以载波相位观测量为基础的实时差分 GPS(RTK GPS)测量技术。RTK 技术的基本思想是:在基准站上安装一台 GPS 接收机,对所有可见 GPS 卫星进行连续观测,并将其观测数据通过无线电传输设备,实时地发送给用户流动站;在用户站上,GPS 接收机在接收卫星信号的同时,通过无线电接收设备接收基准站传输的观测数据;然后根据相对定位的原理,实时地计算并显示用户站的三维坐标及其精度。

(二)RTK GPS 测量系统的设备

RTK GPS 测量系统主要由 GPS 接收机、数据传输系统和软件系统三部分组成。

1. GPS 接收机

GPS 接收机可以是单频或双频。RTK GPS 测量系统中至少应包含两台 GPS 接收机,其中一台安置于基准站上,另一台或若干台分别安置于不同的用户流动站上。作业时,基准站的接收机应连续跟踪全部可见 GPS 卫星,并将观测数据实时发送给用户站。

2. 数据传输系统

基准站同用户流动站之间的联系是靠数据传输系统(简称数据链)来实现的。数据传输设备是完成实时动态测量的关键设备之一,由调制解调器和无线电台组成。在基准站上,利用调制解调器将有关数据进行编码调制,然后由无线电发射台发射出去。在用户站上利用无线电接收机将其接收下来,再由解调器将数据还原,并发送给用户流动站上的 GPS 接收机。

3. 软件系统

RTK 测量软件系统的功能和质量,对于保障实时动态测量的可行性、测量结果的可靠性和精确性具有决定性意义。一个实时动态测量的软件系统应具备的基本功能为:

(1)整周未知数的快速解算。

(2)根据相对定位原理,实时解算用户站在 WGS-84 坐标系中的三维坐标。

(3)根据已知转换参数,进行坐标系统的转换。

(4)求解坐标系之间的转换参数。

(5)解算结果的质量分析与评价。

(6)作业模式(静态、准动态和动态等)的选择与转换。

(7)测量结果的显示与绘图。

四、GPS 技术在地籍测量中的应用

(一)GPS 技术在地籍控制测量中的应用

GPS 卫星定位技术的迅速发展,给测绘工作带来了革命性的变化,也为地籍测量工作,特别是地籍控制测量工作带来了巨大的影响。应用 GPS 进行地籍控制测量,点与点之间不要求互相通视,这样避免了常规地籍测量控制时,控制点位选取的局限条件,并且布设成 GPS 网状结构对 GPS 网精度的影响也很小。由于 GPS 技术具有布点灵活、全天候观测、观测及计算速度快和精度高等优点,所以在国内各省市的城镇地籍控制测量中得到广泛应用。

利用 GPS 技术进行地籍控制测量具有如下优点:

(1)它不要求通视,避免了常规地籍控制测量点位选取的局限条件。

(2)没有常规三角网(锁)布设时要求近似等边及精度估算偏低时应加测对角线或增设起始边等烦琐要求,只要使用的 GPS 仪器精度与地籍控制测量精度相匹配,控制点位的选取符合 GPS 点位选取要求,那么所布设的 GPS 网精度就完全能够满足地籍测量要求。

由于 GPS 技术的不断改进和完善,其测绘精度、测绘速度和经济效益都大大地优于常规控制测量技术。目前,常规静态测量、快速静态测量、RTK 技术和网络 RTK 技术已经逐步取代常规的测量方式,成为地籍控制测量的主要手段。边长大于 15 km 的长距离 GPS 基线向量,只能采取常规静态测量方式。边长为 10～15 km 的 GPS 基线向量,如果观测时刻的卫星很多,外部观测条件好,可以采用快速静态 GPS 测量模式;如果是在平原开阔地区,可以尝试 RTK 模式。边长小于 5 km 的一级、二级地籍控制网的基线,优先采用 RTK 方法,如果设备条件不能满足要求,可以采用快速静态定位方法。边长为 5～10 km 的二等、三等、四等基本控制网的 GPS 基线向量,优先采用 GPS 快速静态定位的方法;设备条件许可和外部观测环境合适,可以使用 RTK 测量模式。

(二)利用 GPS 技术布设城镇地籍基本控制网

在一些大城市中,一般已经建立城市控制网,并且已经在此控制网的基础上做了大量的测绘工作。但是,随着经济建设的迅速发展,已有控制网的控制范围和精度已不能满足要求,为此,迫切需要利用 GPS 技术来加强和改造已有的控制网使其作为地籍控制网。

(1)由于 GPS 技术的不断改进和完善,其测绘精度、测绘速度和经济效益,都大大地优于目前的常规控制测量技术,GPS 定位技术可作为地籍控制测量的主要手段。

(2)对于边长小于 8～10 km 的二等、三等、四等基本控制网和一级、二级地籍控制网的 GPS 基线向量,都可采用 GPS 快速静态定位的方法。试验分析与检测证明,应用 GPS 快速静态定位方法,施测一个点的时间,从几十秒到几分钟,最多十几分钟,精度可达到 1～2 cm,完全满足地籍控制测量的需求,可以大大减少观测时间和提高工作效率。

(3)建立 GPS 定位技术布测城镇地籍控制网时,应与已有的控制点进行联测,联测的控制点不能少于 2 个。

(三)GPS 技术在地籍图测绘中的应用

地籍碎部测量和土地勘测定界(含界址点放样)工作中,主要是测定地块(宗地)的位置、形状和数量等重要数据。

由《地籍调查规程》(TD/T 1001—2012)可知,在地籍平面控制测量基础上的地籍碎部测量,对于城镇街坊外围界址点及街坊内明显的界址点,间距允许误差为±10 cm,城镇街坊内部隐蔽界址点及村庄内部界址点,间距允许误差为±15 cm。在进行土地征用、土地整理、土地复垦等土地勘测定界工作中,相关规程规定测定或放样界址点坐标的精度为:相对邻近图根点点位中误差及界址线与邻近地物或邻近界线的距离中误差不超过±10 cm。因此,利用 RTK 测量模式能满足上述精度要求。

此外,利用 RTK 技术进行勘测定界放样,能避免解析法等复杂的放样方法,同时也简化了建设用地勘测定界的工作程序,特别是对公路、铁路、河道和输电线路等线性工程和特大型工程的放样更为有效和实用。

RTK 技术使精度、作业效率和实时性达到了最佳融合,为地籍碎部测量提供了一种崭新的测量方式。现在,许多土地勘测部门都购置了具有 RTK 功能的 GPS 接收系统和相应的数据处理软件,并且取得十分显著的经济效益和社会效益。

(四)RTK GPS 测绘宗地图

地籍和房地产测量中应用 RTK 技术测定每一宗土地的权属界址点以及测绘地籍与房地产图,同上述测绘地形图一样,能实时测定有关界址点及一些地物点的位置并能达到厘米级精度。将 GPS 获得的数据处理后直接录入 GPS 测图软件系统,可及时、精确地获得地籍和房地产图。但在影响 GPS 卫星信号接收的遮蔽地带,应使用全站仪、测距仪等测量工具,采用解析法或图解法进行细部测量。

第三节　GIS 技术在地籍测量中的应用

一、数字地籍测量的流程

数字地籍测量是地籍测量中一种充分吸收整合 GIS,GPS,RS 和 DE 等技术的综合性技术和方法,实质上是一个融地籍测量内业、外业于一体的综合性作业系统,也是计算机技术用于地籍管理的必然结果。它的最大优点是在完成地籍测量的同时可建立地籍图形数据库,从而为实现现代化地籍管理奠定基础。

数字地籍测量是利用数字化采集设备采集各种地籍信息数据,传输到计算机中,再利用相应的应用软件对采集的数据加以处理,最后输出并绘制各种所需的地籍图件和表册的一种自动化测绘技术和方法。下面分别介绍数据采集、数据处理、成果输出以及数据库管理等内容。

(一)数据采集

数据采集过程是指利用一定的仪器和设备,获取有关的地籍要素信息数据,并按照规定的格式存储在相应的记录介质上或直接传输给数据处理设备的过程。数据采集可以使用全站仪在野外实地采集,或利用电子平板法、GPS RTK 技术进行采集,也可以对已有地形图进行数字化。随着遥感图像的分辨率不断提高,利用遥感图像也可获取符合精度要求的数据。

不论采用哪种方法,所获取的数据都必须经过一定的处理,然后在相应的软件支持下计算宗地面积,汇总分类面积,绘制宗地图、地籍图,打印界址点坐标表等。

(二)数据处理

对于用不同的方法采集到的数据,经过通信接口及相应的通信软件传输给计算机,然后经过相应的软件处理,将数据转化为某种标准的数据格式,最后经数据处理软件处理计算出各宗地的面积,绘制宗地图和地籍图等。

(三)成果输出

经过数据处理之后,便可按照《地籍调查规程》(TD/T 1001—2012)输出地籍测量所需的各项成果。

(四)数据库管理

为了便于今后地籍变更以及地籍信息的自动化管理,所采集的原始数据和经过处理的有关数据均加以存储,并建立地籍数据库,为地籍信息系统提供数据。

在数字地籍测量中,由于数据源的多样性和地籍(地形)要素的复杂性,使数据处理过程成为一个最复杂、最重要的环节,因此数据处理的方法也呈现复杂性、多样性的特点。

二、数字地籍测量的基本原理

数字地籍测量的目的是建立外业施测的图形数据与地籍要素属性数据的一一对应关系。图形数据可以通过数据采集获取;地籍要素包括反映隶属关系的行政名称、地理名称和宗地名称,反映权属关系的界址点和界址线,反映土地利用现状的独立地物、线状地物和面状地物,反映位置关系的定位坐标,反映数量关系的土地占有面积和土地利用面积,以及反映地物特征的某些说明、注记等。地籍要素数据往往通过对其数字化获取得到。

计算机只能识别数码,因此必须将地籍要素数字化。从地籍要素的图形特征和属性特征来分,地籍要素可分为两类信息:一类是图形信息,用平面直角、编码和连接信息表示;另一类是属性信息,用数码文字表示,这涉及地籍信息编码。

(一)地籍信息编码

地籍信息编码是指采用规定的代码表示一定的地籍信息,从而简化和方便对地籍信息的各种处理。在数字地籍测量中,地籍信息编码是一种有效组织数据和管理数据的手段,它在数据采集、数据处理、成果输出及数据库管理的全过程中都起着重要的作用。

1. 地籍信息编码的内容

地籍信息是一个多层次、多门类的信息，对于地籍信息的分类、编码，应按照有效组织数据和充分利用数据的原则，至少考虑以下 4 个信息系列：

(1)行政系列，包括省(市)、市(地)、县(市)、区(乡)、村等有行政隶属关系的系列，这个系列的特点是呈树状结构。

(2)图件系列，包括地籍图、土地利用现状图、行政区划图、宗地图等。这些图件均是地籍信息的重要内容。

(3)符号系列，包括各种独立符号、线状符号、面状符号以及各种注记。

(4)地类系列，包括土地利用现状分类和城镇土地利用现状分类。

2. 地籍信息编码的一般规则

由于数字化地籍测量采集的数据信息量大、内容多、涉及面广，数据和图形应一一对应，只有构成一个有机的整体，它才具有广泛的使用价值。因此，必须对其进行科学的编码。编码方法是多样的，但不管采用何种编码方式，应遵循的一般性原则基本相同，具体如下：

(1)一致性(即非二义性)。要求野外采集的数据或测算的碎部点坐标数据，在绘图时能唯一地确定一个点。

(2)灵活性。要求编码结构充分灵活，适应多用途地籍的需要，以便在地籍信息管理等后续工作中，为地籍数据信息编码的进一步扩展提供方便。

(3)简易实用性。传统方法容易被观测人员理解、接受和记忆，并正确执行。

(4)高效性。要求以尽量少的数据量容载尽可能多的外业地籍信息。

(5)可识别性。编码一般由字符、数字或字符与数字的组合构成，设计的编码不仅要求能够被人识别，还要能被计算机用较少的机时加以识别，并能有效地对其进行管理。

3. 地籍信息编码的方式

关于编码的方式，应根据自己设计的数据结构(图形结构)制定出编码方式。众多的编码方式归结起来有 3 种类型，即全要素编码、提示性编码和块结构编码。

(1)全要素编码：适用于计算机自动处理采集的数据。编码要求对每个测点进行详细的说明，即每个编码能唯一地、确切地标识该测点。通常，全要素编码都由若干位十进制数组成，有的还带有“±”符号。其中每一个数字按层次分，且具有特定的含义。首先，参考图式符号，将地形要素进行分类，然后在每一类中进行次分类。另外，加上类序号(测区内同类地物的序号)、特征点序号(同一地物中特征点的连接序号)。

全要素编码的优点是各点编码具有唯一性，易识别，适合计算机处理。但它的缺点是：层次多、位数多，难以记忆；当编码输入错漏时，在计算机的处理过程中不便于人工干预；同一地物不按顺序观测时，编码相当困难。

(2)提示性编码：当作业员在计算机屏幕上进行图形编辑时，提示性编码方式可以起到提示的作用。屏幕上编制好的图形,可由数控绘图机绘制出来。

提示性编码也是由若干位十进制数组成,分两部分:一部分为几何相关性,另一部分为类别。几何相关性由个位上的数字(0～9)表示,若不够,再扩展至百位。十位编码规则是:水系"1";建筑物"2";道路"3";其他类自定义。个位上的编码规则是:孤立点"0";与前点连接"1";与前点(指数据采集时的序列点号)不连接"2"。

提示性编码的优点是:编码形式简明,野外工作量少并易于观测员掌握;编码随意性大,允许缺省甚至是错误的存在;提供了人机对话式的图形编辑过程,界面便于图形及时更新。同时,提示性编码存在如下缺点:提示的图形不详细,必须配合野外的详细草图;预处理工作和图形编辑工作量大;对于实际为曲线的图形则需要大量的外业观测点。

(3)块结构编码:适用于计算机自动处理采集的数据。首先,参考图式符号的分类,用三位整数将地形要素分类编码。按此规则事先编制一张编码表,将常用编码排在前面,以方便外业使用。每一点的记录,除观测值外,同时还有点号(点号大小同时代表测量顺序)、编码、连接点和连接线型4种信息。其中连接点是记录与测点相连接的点号,连接线型是记录测点与连接点之间的线型。规定"1"为直线,"2"为曲线,"3"为圆弧线。

块结构编码的优点:

a. 点号自动累加,编码位数少。编码可以自动重复输入或者编码相同时不输入。

b. 连接点和连接线型简单,整个野外输入信息量少。

c. 采用块结构记录,十分灵活、方便。

d. 根据测点编码的不同,利用图式符号库代替复杂的线型(直线、曲线、圆弧线、实线、虚线、点划线、粗线、细线等),避免了测量员在野外输入复杂的线型信息,只要记住直线、曲线还是圆弧线就够了。

e. 记录中设计了连接点这一栏,较好解决了断点的连接问题。断点是指测量某一地籍(形)要素时的中断点。

f. 避免了野外详细草图的绘制。当断点很多时,采用在手簿上记录断点号来代替画详细草图,减少了野外工作量。如果地形特别复杂,同时断点又太多时,也需要绘出相应点号处的简图,作为手簿上记录断点的补充说明,以保证断点的正确连接。

g. 野外跑尺选择性较大。只要清楚断点号就可以正确地连接测点。

(二)地籍信息的数据结构

数据结构是对数据元素相互之间存在的一种或多种特定关系的描述。在数字地籍测量中,数据结构应当反映出各种地籍要素间的层次关系和必要的拓扑关系,并且经数据处理后所生成的图、数、文三者之间成一一对应关系,这样才便于对数据进行各种操作,如检索、存取、插入、删除和分类等。

目前,在数字地籍测量中使用较普遍的是矢量数据结构,在此结构中,通常把地物从几何上分为3类空间,即点、线和面。点实体以表示其空间位置的坐标值的数字形式存放,线实体以一系列有序的或成串的坐标值存放,面实体用表示其周边的字符串的坐标值或用一些与确定该面相关的点来存放。

(三)地籍符号库的设计原则

图式符号是测绘地籍图过程中必须共同遵循的原则。无论采用何种方式或手段测绘的地籍图,都必须符合这一标准。因此,在数字地籍测量中建立并管理一个由地籍符号组成的地籍符号库十分重要。地籍符号库中的地籍图式参照国家测绘局发布的《地籍图图式》,它规定了地籍图和地籍测量草图上各种要素的符号和注记标准以及使用这些符号的原则、要求和基本方法。

三、数字地籍测绘系统

数字地籍测绘系统(Digital Cadastral Surveying and Mapping System,DCSM)是以计算机为核心,以全站仪、GPS测量技术、数字化仪、立体坐标量测仪、解析测图仪等自动化测量仪器为输入装置,以数控绘图仪、打印机等为输出设备,再配以相应的数字地籍测绘软件,构成一个集数据采集、传输、数据处理及成果输出于一体的高度自动化地籍测绘系统,其主要功能大致相同,如图9-8所示。

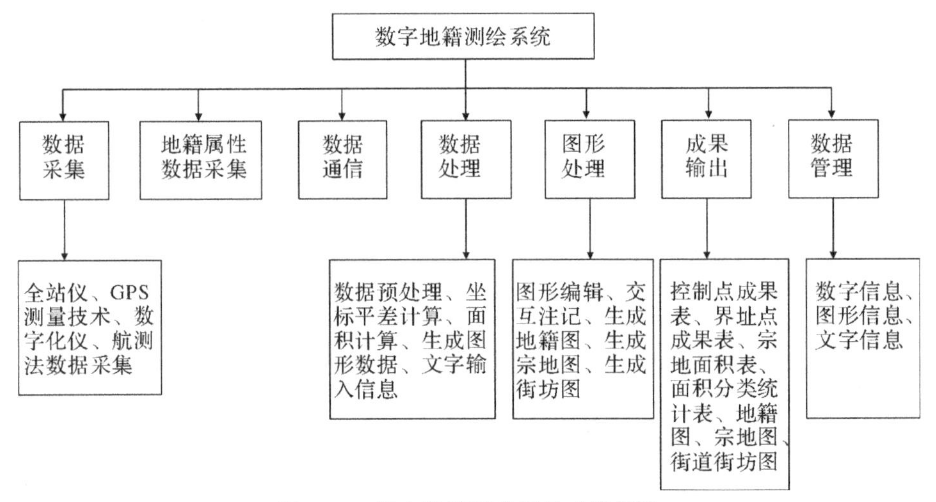

图9-8 数字地籍测绘系统功能框图

数字测图技术已基本成熟,将全面取代人工模拟测图,成为地籍测绘的主流。显而易见,数字地籍测绘技术将为实现地籍管理的现代化、加强土地管理做出重要的贡献。

第十章　地籍数据库与地籍信息系统建设

在完成地籍测量与地籍调查后，一般都要求建立地籍数据库和地籍信息系统，完成地籍数据库的入库、处理、检查等，研制形成功能齐全的地籍信息系统，并对地籍数据库进行持续地更新，以满足信息共享和管理应用的需求。

第一节　地籍信息[1]

一、信息、土地信息与地籍信息

信息是客观世界的真实反映，它是一个抽象的概念，从计算机处理角度来看，信息可以理解为事物的特征及诸事物之间的相互关系的抽象反映。数据是表示和记录信息的文字、符号、图像的组合，信息以数据来表现，而数据是表达信息的手段。

土地是指一定区域空间内气候、基础地质、地形、土壤和动植物等自然因素与人类过去和现在的劳动成果相结合的一个自然一经济综合体，它具有空间属性、自然属性、经济属性和权能属性。土地的空间属性是指土地所具有的位置、形状、面积等空间性质；土地的自然属性是指土地的地形、地质、土壤、水系、植被、矿产和气候等自然要素的性质；土地的经济属性是指将土地作为资源和资产在社会经济活动中所表现的特性；土地的权能属性是指土地的所有权、使用权、租赁权、抵押权及其他他项权利的权利特征。土地信息是描述特定区域土地的空间属性、自然属性、经济属性和权能属性，以及这些属性之间相互联系的信息。

二、地籍信息的功能与服务

我国现阶段的地籍已由以课税为目的，扩大到包括为产权登记和土地利用规划服务的多用途地籍，同时，它还为政府部门制订土地开发利用计划、经济发展目标、土地管理政策、环境保护政策、土地使用制度等宏观决策提供基础资料和科学依据。在现代西方发达国家，地籍事业给政府、企业和个人提供规划和管理方面的多种直接信息或间接信息，成为国家上层建筑的重要组成部分。概括起来，地籍信息具有以下功能。

---

① 中华人民共和国国家质量监督检验检疫总局，中国国家标准化管理委员会. GB/T 21010—2007 土地利用现状分类[S]. 北京：中国标准出版社，2007.

1. 地理功能

地籍信息表征的是一种与土地相关的地理专题，地籍所包含的地籍图形和相关的几何数据，不但精确表达了一块地(包括附着物)的空间位置，而且还精确、完整地表达了所有地块之间在空间上的相互关系。地籍具有的能提供地块空间关系的能力，称为地理信息功能。

2. 产权功能

地籍具有较强的法律性，它能在土地及其附着物为标的物的产权活动中提供法律性的证明材料，保护土地所有者和土地使用者的合法权益，避免土地产权纠纷。随着信息技术的普及，目前已主要通过地籍信息来记载土地产权。

3. 管理功能

采用信息技术进行资源的存储、管理和查询分析是目前的一种必要手段，有利于行政管理效能的提升。目前地籍管理工作的开展、土地登记业务的办理都已离不开地籍数据库和信息系统，因而地籍信息具有管理功能。

4. 决策功能

地籍信息所提供的多要素、多层次、多时态的土地资源的自然状况和社会经济状况，是国家编制国民经济计划、制定各项规划的基本依据。

地籍信息服务可分为对内服务和对外服务。对内服务是指地籍信息在土地管理部门内相关业务中的应用，如土地利用总体规划、建设用地报批、土地利用与供应等，要解决的是信息的标准化问题。对外服务是指地籍信息提供给政府机关、企事业单位和个人使用，如税务等部门。要解决的问题：一是提供什么样的信息，这要求必须进行广泛的地籍信息需求调查；二是怎样从现有数据库中提取这些信息，这涉及数据挖掘、数据仓库等技术；三是怎样提供服务，必须解决信息使用的法律和收费问题，这是土地登记公开查询等地籍相关业务迈向社会化、产业化的瓶颈。

三、地籍信息的特征和类型

(一)地籍信息的特征

地籍信息一般具有三个方面特征。

(1)属性特征：用以描述事物或现象的特性，即用来说明“是什么”，如事物或现象的类别，等级、数量、名称等。

(2)空间特征：用以描述事物或现象的地理位置，又称几何特征、定位特征，如控制点、界址点线等。

(3)时间特征：用以描述事物或现象随时间的变化，如土地用途的变更、土地权利人的变化等。

(二)地籍信息的类型

地籍信息是通过地籍数据来表达。根据地籍信息的特征，可以把地籍数据归纳为三类。

(1)几何数据：描述空间数据的空间特征的数据，也称位置数据、定位数据，即说明“在哪里”，如用 x，y 坐标来表示。

(2)属性数据：描述地籍信息的属性特征的数据，也称非几何数据，即说明“是什么”，如类型、等级、名称、状态等。

(3)关系数据：描述空间数据之间的空间关系的数据，如空间数据的相邻、包含等，主要是拓扑关系，拓扑关系是一种对空间关系进行明确定义的数学方法。

此外，还有元数据，它是描述数据的数据。在地籍数据中，元数据说明空间数据内容、质量、状况和其他有关特征的背景信息，便于数据生产者和用户之间的交流。

四、地籍信息编码

地籍信息有下列几个特点：信息量大、内容多、涉及面广、图形和数据一一对应，构成一个有机整体；信息变化快，为了保持地籍信息的现势性，必须不断进行更新；土地一旦登记，其地籍信息便具有法律效力，故必须保证地籍信息的准确性；地籍信息服务面广，政府部门和个人都是它的服务对象；查询应当十分方便。这些特点表明，为了有效组织、管理和利用地籍信息，首先应当对地籍信息进行科学的分类。所谓科学的分类，就是根据作为研究对象的地籍信息的客观属性进行分类。

(一)城镇地籍信息编码

根据《城镇地籍数据库标准》(TD/T 1015—2007)，城镇地籍数据库包括应用于城镇地籍数据处理、管理、交换和分析的基础地理要素、土地权属要素、土地利用要素、栅格要素，以及房屋等附加信息。

根据分类编码通用原则，将城镇地籍数据库数据要素依次按大类、小类、一级类、二级类、三级类和四级类划分，要素代码采用十位数字层次码组成。

(1)大类码为专业代码，设定为两位数字码，如基础地理专业码为 10，土地专业码为 20；小类码为业务代码，设定为两位数字码，空位以 0 补齐，土地权属的业务代码为 06，土地利用的业务代码为 01，地地利用遥感监测的业务代码为 02；一至四级类码为要素分类代码，其中，一级类码为两位数字码，二级类码为两位数字码，三级类码为一位数字码，四级类码为一位数字码，空位以 0 补齐。

(2)基础地理要素的一级类码、二级类码、三级类码和四级类码引用《基础地理信息要素分类与代码》(GB/T 13923—2006)中的基础地理要素代码结构与代码。

(3)各要素类中如含有“其他”类，则该类代码直接设为 9 或 99。

城镇地籍数据库各类要素的分类、代码与名称描述见表 10－1。

表 10－1　城镇地籍数据库要素代码与名称描述表

要素代码	要素名称	要素代码	要素名称
1000000000	基础地理信息要素	2001040000	地类界线
1000100000	定位基础	2006000000	土地权属要素表
1000110000	测量控制点	2006010000	宗地要素
1000119000	测量控制点注记	2006010100	宗地
1000600000	境界与政区	2006010200	宗地注记
1000600100	行政区	2006020000	界址线要素
1000600200	行政区界线	2006020100	界址线
1000609000	行政区注记	2006020200	界址线注记
1000700000	地貌	2006030000	界址点要素
1000710000	等高线	2006030100	界址点
1000720000	高程注记点	2006030200	界址点注记
1000310000	居民地	2002030000	栅格要素
1000310300	房屋	2002030100	数字航空摄影影像
2000000000	土地信息要素	2002030101	数字航空正射影像图
2001000000	土地利用要素	2002030200	数字航天遥感影像
2001010000	地类图斑要素	2002030201	数字航空正射影像图
2001010100	地类图斑	2002030300	数字栅格地图
2001010200	地类图斑注记	2002030400	数字高程模型
2001020000	线状地物要素	2002039900	其他栅格数据
2001020100,	线状地物	2099000000	其他要素
2001020200	线状地物注记		

注：基础地理信息要素第 5 位至第 10 位代码参考《基础地理信息要素分类与代码》(GB/T 13923—2006)；行政区、行政区界线与行政区注记要素参考《基础地理信息要素分类与代码》(GB/T 13923—2006)的结构进行扩充，各级行政区的信息使用行政区与行政区界线属性表描述。

(二)土地利用信息编码

根据《土地利用数据库标准》(TD/T 1016—2007)，土地利用数据库包括基础地理要素、土地利用要素、土地权属要素、基本农田要素、栅格要素、其他要素等。

根据分类编码通用原则，将土地利用数据库要素依次按大类、小类、一级类、二级类、三级类和四级类划分，要素代码由 10 位数字层次码组成。

土地利用数据库各类要素的分类、代码与名称描述见表 10－2。

表 10－2　土地利用数据库要素代码与名称描述表

要素代码	要素名称	要素代码	要素名称
1000000000	基础地理信息要素	2002030000	栅格要素
1000100000	定位基础	2002030100	数字航空摄影影像
1000110000	测量控制点	2002030101	数字航空正射影像图
1000110408	数字正射影像图纠正控制点	2005030200	航空航天遥感影像
1000119000	测量控制点注记	2002030201	航空航天正射影像图
1000600000	境界与政区	2002030300	数字栅格地图
1000600100	行政区	2002030400	数字高程模型
1000600200	行政区界线	2002039900	其他格栅数据
1000609000	行政区注记	2005000000	基本农田要素
1000700000	地貌	2005010000	基本农田保护区域
1000710000	等高线	2005010100	基本农田保护区
1000720000	高程注记点	2005010200	基本农田保护片
1000780000	坡度图	2005010300	基本农田保护块
2000000000	土地信息要素	2006000000	土地权属要素
2001000000	土地利用要素	2006010000	宗地要素
2001010000	地类图斑要素	2006010100	宗地
2001010100	地类图斑	2006010200	宗地注记
2001010200	地类图斑注记	2006020000	界址线要素
2001020000	线状地物要素	2006020100	界址线
2001020100	线状地物	2006020200	界址线注记
2001020200	线状地物注记	2006030000	界址点要素
2001030000	零星地物要素	2006030100	界址点
2001030100	零星地物	2006030200	界址点注记
2001030200	零星地物注记	2099000000	其他要素
2001040000	地类界线	2099010000	开发园区
		2099020000	开发园区注记

注：基础地理信息要素第 5 位至第 10 位代码参考《基础地理信息要素分类与代码》(GB/T 13923—2006)，行政区、行政区界线与行政区注记要素参考《基础地理信息要素分类与代码》(GB/T 13923—2006)的结构进行扩充，各级行政区的信息使用行政区与行政区界线属性表描述，基本农田开发园区是针对第二次全国土地调查增加的要素类。

第二节 地籍数据库建立

一、地籍数据库的内容

地籍数据库包括地籍区、地籍子区、土地权属、土地利用、基础地理等数据。

(1)地籍区、地籍子区:主要包括划分地籍区、地籍子区的编号、名称与面积等。地籍数据库以此为单元对城乡地籍信息进行统一组织与管理。

(2)土地权属数据:主要包括宗地的权属、位置、界址、面积等。

(3)土地利用数据:主要包括行政区(含行政村)图斑的权属、地类、面积、界线等。

(4)基础地理数据:主要包括数学基础、境界、交通、水系、居民地等。

地籍数据库除了存储以上矢量要素图层外,还存储有影像数据、各类统计表格、文本等。

二、地籍数据采集与转换

(一)地籍数据的采集

数据采集过程就是利用一定的仪器和设备,获取有关的地籍要素的数据,并按照规定的格式存储在相应的记录介质上或直接传输给数据处理设备的过程。

根据采样所使用的仪器以及作业方法的不同,目前常用的方法有数字法地籍测量、地籍图扫描矢量化与数字摄量测量等方法。

(二)地籍数据的转换

地籍数据的转换包括数据格式转换、投影变换与坐标系转换等。

1.数据格式转换

数据格式转换就是利用专门的数据转换程序将某种格式的数据进行转换,变成另一种格式的数据,这是当前GIS软件系统共享数据的主要办法。一般地,数据格式转换采用以下三种方式。

(1)关联表转换。在两个系统之间通过关联表,直接将输入数据转换成输出数据。这种方法是记录之间的转换,由于它是针对记录逐个地进行转换,只对小的转换量才有意义;而且由于它是针对记录逐个进行转换,没有存储功能,因此不能保证转换过程中语义的正确性。

(2)转换器转化。转换器转换是通过转换器实现,转换器是一个内部数据模型,转换器通过对输入数据的类型及值按照转换规则进行转换,得到指定的数据模型及值。与使用关联表相比,它具有更详细的语义转换功能,也具有一定的存储功能。

(3)基于空间数据转换标准的转换。无论采用关联表还是采用转换器进行直接转换,它仅仅是两系统之间达成的协议,即两个系统之间都必须有一个转换模型,而且为了使另一个系统和该系统能够进行直接转换,必须公开各自的数据结构及数据格式。为此,可采用一种空间数据的转换标准来实现地理信息系统数据的转换,转换标准是一个大家都遵守并且全面的一系列规则。转换标准可以将不同系统中的数据转换成统一的标准格式,以供其他系统调用。

2. 投影变换与坐标系转换

当系统所使用的数据来自不同地图投影时，需要将一种投影的几何数据转换成所需投影的几何数据，这就需要进行地图投影变换。地籍信息系统中一般采用高斯-克吕格投影，实现 3°带与 6°带等之间的变换。地图投影变换的实质是建立两平面场之间点的一一对应关系。

在地籍信息系统中，全部空间信息从输入到输出产品，中间要经过多次坐标变换。因为它们在不同的阶段处于不同的坐标系。如数据获取和图形输出要进行设备相对坐标与用户坐标之间的变换，数据入库和数据检索要进行用户坐标与数据库坐标之间的变换，而图形交互编辑要进行屏幕坐标与数据库坐标之间的变换。这些转换是图形平台或 GIS 平台所必须具备的功能。此外，坐标系转换还存在 1954 年北京坐标系、1980 年西安坐标系、2000 年国家大地坐标系、地方坐标系等之间的转换(在第三章已详细介绍)。

三、地籍数据质量控制与入库

数据质量控制主要是针对入库的数据进行空间和属性的检查，排除数据逻辑上的错误，并人工进行数据的整理工作，主要包括图形检查、属性检查、图形属性一致性检查、接边检查等。

(一)图形检查

图形数据在采集与转换的过程中可能会产生各种各样的错误，使得图形数据在进行拓扑运算的时候出现错误，因此必须进行图形检查。

图形数据检查包括的方面比较多，但总的来说可以分为面状要素的检查、线状要素的检查、点状要素的检查等。

1. 面状要素的检查

(1)面状要素相离检查。在地籍要素采集过程中常常由于数字化或数据采集时业务人员的疏忽造成本应相邻的面状要素相离，形成“天窗”，这样可能导致面积统计的结果与实际不符，所以必须进行检查。

(2)面状要素重叠检查。面状要素童叠，即两个面状要素之间有重叠部分。现实中地类、宗地等面状要素之间是不可能重叠的，例如面状地类和面状地类之间必须是平铺的。相邻面状地类的重叠会导致面状地类计算面积比实际面积小。

(3)面状要素缝隙检查。面状要素缝隙，即两个面状要素之间有两个以上的公共点，在公共点之间留有缝隙。显然，存在缝隙与存在相离一样，会导致面状地类计算面积比实际面积大。

2. 线状要素的检查

(1)线状要素封闭检查。线状要素封闭，即线段的起点和终点是否为同一点，即通常所说的闭合。需要进行线状要素封闭检查的有权属界线层、行政界线层等。行政边界和权属界线是一个涉及权属双方利益的重要因素，所以行政边界和权属界线都应该达到封闭独立。

(2)线状要素跨区域检查。地籍数据一般是以地籍区、地籍子区或行政区划来组织的，许多地籍要素对象的定义、编码都是基于该管理区域的。因此，线状地物是不能穿越管理区域的。对于线状地物必须对其是否和管理区域相交进行检查。

3. 点状要素的检查

在实际数据采集时，由于作业人员的疏忽，在同一个坐标点位上往往会多次采集，产生很多无意义的点，这不但会造成数据冗余，而且会导致数据的不一致。

(二)属性检查

土地属性数据是符合特定数据规范的数据，为了对图层中对象进行索引及面积计算，每个图层都有严格的属性要求，必须按规范输入数据。但是，工作人员对业务理解的局限性或者由于工作的疏忽，会导致所录入或转换的属性数据出现诸如丢失、错误或不完整等错误。这些错误属性数据的存在会带来很大的问题，而且人工检查十分不便，所以必须借助计算机辅助手段实现对不规范数据的检查。属性数据的规范检查主要包括字段非空检查、字段唯一性检查、字段值范围检查、枚举字段检查四个方面。

(1)字段非空检查。检查一些记录的必填字段没有录入数据的错误。在土地属性数据中，有些字段是关键字段，是必须要填的字段。这种类型的字段很多，在设计属性表结构的时候就应该设置该字段为必填字段。

(2)字段唯一性检查。按照土地数据建库规范要求对不能有重复记录的字段进行检查。在土地属性数据中，有些字段的值是唯一的，可以用于区分不同的要素。

(3)字段值范围检查。土地数据中有些字段的取值是有一定范围的，字段值范围检查是检查出记录的该字段值超出规范范围的记录。例如，方位角取值只能在0°～360°。

(4)枚举字段检查。在地籍属性数据中，有些字段的取值是枚举类型。例如：国有土地使用权类型只能取划拨、出让、入股、租赁、授权经营、其他；地类号只能是地类代码表里存在的地类代码；等等。对于这种字段必须要进行枚举字段检查，以检查出不合法的输入。

(三)图形属性一致性检查

图层的图形数据和属性数据是相伴出现的，有图形无属性、有属性无图形都是不正确的。图形属性一致性检查用来检查属性和图形之间的匹配性。

(四)接边检查

由于地籍信息一般是分图幅进行测绘采集的，所以当数据入库时各分幅图需要接边以保证图形在空间上的一致性。接边检查主要检查要素是否接边，是否正确接边，主要包括位置接边检查、属性接边检查(检查相邻图幅接边要素的属性是否一致)。检查需接边的图层之间是否完全接边，是分别以待接边的图层边界为中心，建立一定宽度的缓冲区，检查在对应接边位置两缓冲区内是否存在属性完全相同的要素，如存在，则检查两相同要素间最短距离是否在给定限差范围内；如果超出限差范围，说明接边错误，需重新接边。需接边的一般为线层和面层。

在进行数据接边检查时，对于一些不太确定的要素可能还要去实地进行调绘，并在内业进行图形拼接的处理工作，以保证数据库是一个连续的、无缝的整体。

(五)数据整理

不同来源的数据，在经过质量检查后，仍存在着诸多的不一致，如符号与注记的不一致、图层的编排与内容的不一致等，在入库前，需要进行数据整理。数据整理主要是手工进行数据处理和编辑修改等工作，以保证数据的质量为第一目的。入库的数据质量将直接影响数据整理的工作量，提交数据的质量高则数据整理的工作量也相应减少。当提交的数据与数据标准之间差距比较大时，将大大增加数据整理的工作量。当数据整理的工作量达到一定的程度时，要考虑数据的重新转换、提交、入库。

四、地籍数据库管理与更新维护

(一)地籍数据库管理

地籍信息系统与GIS一样，管理空间数据的方式与一般数据库技术的发展紧密联系。最初采用基于文件管理的方式，目前有的系统采用文件与关系数据库混合管理模式，有的采用全关系型空间数据库管理模式，如Esri公司的ArcSDE、Oracle公司的OracleSpatial和Mapinfo公司的Spatial Ware等。基于对象一关系的空间数据管理系统将成为地籍信息系统空间数据库发展的主流。

(二)地籍数据库更新

1.地籍时空数据库设计

时态性是GIS对象的重要特性，尤其地籍数据对现势性的要求非常高。地籍信息系统除了能精确地描述地籍对象的空间位置和属性外，还必须能够完整、连续地记录地籍空间对象的演变过程。地籍中地块的变化可分为三种，即：属性变化，空间不变；空间变化，属性不变；空间和属性同时变化。

在地籍数据库设计的初期就要充分考虑到以后的历史数据管理。在进行数据库设计时，给每个图层要素都设置建立日期和变更日期字段，当数据发生变更时，在变更数据的同时，应记录相应的变更信息，通过该变更信息和历史数据可以进行历史数据的回溯查询。

此外，也可以通过实施版本控制保证数据变化的连续性，并避免混乱。通过对时间维的描述，借助可视化方法可直观地表达地籍数据的空间动态变化，制作随时间变化的动态地图，用于涉及时空变化的现象或概念的可视化分析。以地籍数据空间实体的增量变化存储为基础，形成一个时间序列，序列上的任意项都可以备份下来作为版本管理，同时增量演化也可以得到相应版本的数据。

2. 地籍数据库的更新方式

目前GIS空间数据的更新方式主要有时间片快照、基态修正（底图叠加）、基于事件等。地籍数据库中的基础地理信息以及影像数据一般采用时间片快照按年度进行。宗地等土地权属由于变更频繁，需要日常动态更新，一般采用基态修正模型，并能及时反映到土地登记过程中。在数据变更前，先以某一年数据作为基态，然后对现状数据进行变更。土地利用数据更新一般按年度或季度进行，也可采用基态修正模型。

除了县（市）本级地籍数据库的更新外，目前已要求实现地籍数据库的向省、国家的逐级汇交和更新。实现的一种方式是采用整库汇交、定期更新，这种方式比较简单，但给数据检查带来难度，而且极大地增加数据存储空间要求，数据冗余度较高。因而，采用增量式更新是一种比较理想的模式。要实现土地利用的增量更新，必须解决增量更新包的有效性检查和同步更新一致性等技术难度较高的问题。无论采取哪种方式，土地利用数据更新都不是简单删除、替换，而是在数据更新的同时将被更新的数据存入历史数据库供查询、检索、分析。

3. 地籍数据库变更过程

维护地籍数据库的现势性是地籍数据库与地籍信息系统得以应用的根本保证，通常是通过地籍数据变更来实现。下面以土地利用现状变更调查为例来阐述地籍数据库变更方法与过程。

（1）变更调查数据源。变更调查数据源是地籍数据库变更维护的基础资料与依据，土地利用现状变更调查数据源主要包括下列内容：①变更记录表，记录土地利用地类变化和权属变化及相关信息的原始资料；②变更调查野外工作图，实地查清本年度土地利用地类变化和权属变化情况，将变化图斑标绘在土地变更调查的野外调查工作底图上；③土地勘测定界成果。

（2）变更调查数据输入。主要有以下变更调查数据输入方法：①数据转入，主要是完成对数字型的变更信息的转换，如土地勘测定界数字成果，可通过数据转换方式转入数据库；②扫描数字化，扫描精确标绘变更信息的工作底图，并与数据库数据进行匹配，采用扫描影像屏幕矢量化方法输入变更信息；③屏幕编辑，依据外业调查变更草图，使用系统所提供的数据编辑工具进行变更信息输入。

（3）变更调查面积处理。在进行变更调查面积处理时，必须保证变更区域所涉及地块在变更前、后的面积和严格相等，不涉及权属界线变化的变更也须保证权属区面积在变更前、后严格相等。面积处理完成后，需自动进行变更记录表、变更台账的生成。

（4）年度变更统计。完成年度土地统计簿、地类变化平衡表生成，并逐级上报。

（三）数据库运行维护

数据库运行维护主要是在地籍数据库运行过程中进行如参数配置、数据库存储与性能优化、日志监控、数据备份与恢复等工作，其中最重要的就是数据备份与恢复。

在进行地籍数据备份时，通常是依赖于关系型数据库平台的备份和恢复机制，也可部分调用图形平台所提供的备份工具，以 Oracle 数据库平台、ArcSDE 图形平台为例简述如下。

1. 直接调用 Oracle 数据库备份和恢复机制

该方法主要用于对空间数据库的整体备份和恢复，很大程度上是其所在的数据库或者数据库对象的备份和恢复，同时还包括 ArcSDE 系统文件的备份，以便于恢复数据库之后恢复这些文件。根据 Oracle 的备份和恢复机制提供了三种备份和恢复方式，即脱机备份和恢复、逻辑备份和恢复、热备份和恢复。

2. 调用 ArcSDE 命令进行数据的备份和恢复

该方法主要用于备份指定的空间数据对象，比如，某个图层和要素类，其中的某些满足特定条件的记录、特定的版本。这种备份方式的实现主要是利用 ArcSDE 提供的管理工具。根据备份形式不同，数据恢复提供了按时间恢复和按版本恢复两种方式供用户选择。

第三节　地籍信息系统的构成与功能

一、地籍信息系统的概念与分类

地籍信息系统(Cadastral Information System，CIS)是一个在计算机和现代信息技术支持下，以宗地(或地块)为核心实体，实现地籍信息的输入、存储、检索、处理、综合分析、辅助决策以及结果输出的信息系统。

地籍信息系统按其服务的区域一般可分为城镇地籍信息系统、农村地籍信息系统、村庄地籍信息系统，也有的统一成城乡一体化地籍信息系统。

二、地籍信息系统的构成

地籍信息系统一般包括以下四个主要部分。

(一)系统硬件平台

地籍信息系统硬件平台是用以存储、处理、传输和显示地籍数据，由计算机与一些外部设备及网络设备的连接构成地籍信息系统的硬件平台，是系统功能实现的物质基础。

(1)计算机：它是硬件系统的核心，包括从主机服务器到桌面工作站，用于数据的处理、管理与计算。

(2)网络设备：包括布线系统、网桥、路由器和交换机等。具体的网络设备根据网络计算的体系结构来确定。

(3)输入输出(I/O)设备：包括扫描仪、绘图仪、打印机和高分辨率显示装置等。

(4)数据存储与传送设备：包括磁带机、光盘机、活动硬盘和硬盘阵列等。

(二)系统软件

系统软件按照其功能分为地籍应用软件、GIS 平台软件、数据库软件、系统管理软件等。

(1)地籍应用软件。地籍应用软件是以 GIS 平台软件、数据库软件为平台基础，针对地籍管理目的而采用二次开发的应用软件系统，涵盖地籍管理的主要业务，包括地籍调查、土地登记、土地统计、档案管理等内容。

(2)GIS 平台软件。GIS 平台软件一般指具有丰富功能的通用 GIS 软件，它包含了处理地理信息的各种高级功能，是地籍信息系统建设的图形平台。其代表产品有 ArcGIS，MGE，Mapinfo，MapGIS，SuperMap，GeoStar 等。

(3)数据库软件。数据库软件除了在 GIS 系统中用于支持复杂空间数据的管理软件以外，还包括服务于以非空间属性数据为主的数据库系统，这类软件有 Oracle，Sybase，Informix，DB2. SQLServer 等。

(4)系统管理软件。系统管理软件主要指计算机操作系统。

(三)地籍数据库

由于地籍数据量一般较大，为了满足后期数据检索、分析等应用需求及提供其他业务系统共享，一般需要建立高性能和高可靠性的地籍数据库。

在地籍信息系统中，地籍数据是以结构化的形式存储在计算机中的，称为地籍数据库。数据库由数据库实体和数据库管理系统组成。数据库实体存储有许多数据文件和文件中的大量数据，而数据库管理系统主要用于对数据的统一管理，包括查询、检索、增删、修改和维护等。地籍数据库是地籍信息系统分析与处理的对象，构成系统的应用基础。

(四)应用人员

地籍信息系统应用人员包括系统开发人员和系统用户，系统用户又可分为一般用户和从事建立、维护、管理和更新的高级用户。系统用户的业务素质、专业知识及对系统的掌握程度是地籍信息系统工程及其应用成败的关键。

三、地籍信息系统架构

信息系统一般有 C/S(Client/Server)和 B/S(Browser/Server)两种体系架构，由于地籍数据库的更新和维护复杂，可采用 C/S 和 B/S 混合结构，即地籍数据库的管理、更新维护系统采用 C/S 结构，土地登记业务办公自动化采用 B/S 结构。通过采用 WebGIS 或服务调用的方式可以在客户端浏览器中实现地籍空间数据及属性数据的查询、显示。

四、地籍信息系统的主要功能

地籍信息系统的服务对象是多方面的，包括国土资源管理部门、政府有关部门、社会与经济团体、个人等。根据不同层次管理和服务的对象，地籍信息系统一般应该具有如下功能。

(1)地籍调查功能：包括图形数据采集、表格数据和文档录入、图形和数据编辑、实体面积计算、数据入库等。

(2)土地登记功能：按照土地登记工作流实现，包括申请、调查、审批、注册、颁证等土地登记业务办公自动化。

(3)土地统计汇总功能：应能对各类区域的土地利用状况、土地权属状况进行统计汇总，并具有行年度土地统计年报功能。

(4)图、数、文的相互查询功能：地籍信息的查询是地籍信息系统应用最频繁的功能，应提供多种方式、多条途经的地籍图、数、文的查询功能，还应提供地籍信息公开查询功能。

(5)数据日常变更和更新功能：地籍数据的日常变更和更新是维护地籍数据的现势性的保证，同时也是系统用户的主要工作，数据日常变更和更新功能构建的好坏是地籍信息系统应用成败的关键。

(6)产品输出功能：地籍信息系统应提供各类地籍表、卡、证、图及各类统计汇总表的制作与输出功能。

(7)信息共享功能：地籍信息具有多用途，系统应能与外部进行数据交换，提供数据导入、导出功能，能接收和输出几种常用数据库平台和图形平台涝符合有关数据标准的地籍数据。

(8)系统维护功能：主要是为保证系统的正常运行和维护系统的安全性而设计的功能，诸如运行参数设置、代码管理、权限和角色管理、元数据管理、日志管理、数据备份与恢复等。

第四节　地籍信息系统工程建设

地籍信息系统工程建设是一项十分复杂的系统工程，投资大，周期长，风险大。地籍信息系统工程涉及用户需求调查、系统分析、系统设计和系统维护等技术方法，还涉及领导决策、资金保障和技术人员配备管理等协调工作。因此，在地籍信息系统工程建设中，必须遵循一套科学的设计原理和方法，能进行强有力的组织管理工作，才能保证工程建设的顺利进行。地籍信息系统工程的建设从项目立项到系统运行，大体上要经过以下 6 个阶段。

一、可行性研究

(一)确定系统的总目标、总效益

地籍信息系统工程的总目标要根据用户的需求和系统实现的功能来定，一般可分为三个层次：第一个层次是数据库系统层次，具有输入、检索和输出等主要功能；第二个层次是业务管理层次，在数据库系统基础上，具有地籍管理功能，主要包括地籍调查、土地登记、土地统计、信息查询等功能，有的还可以实现办公自动化；第三个层次是在前两个层次基础上的专家应用层次，主要包括土地资源分析、土地利用规划和土地利用效益预测等功能。地籍信息系统建设周期较长，应该分阶段实施，逐步提高层次。

系统的总效益分析主要通过为机关服务、为领导决策提供咨询服务、为社会各界提供信息产品服务等，体现系统的社会效益和经济效益。这种分析是可行性研究的总结性论述，是决策人员做出决策的重要依据。

(二)资金、数据源和技术状况的调查分析

地籍信息系统工程耗资较大，需要有足够的资金来保证系统的建设实施和维护。资金投入情况往往决定了系统的建设规模和建设速度，所以应对系统建设和系统维护的资金占有量作充分的预测估算。

数据源的调查、统计和分析对系统的效益有着决定性的影响。数据源分析包括图形资料、表格数据和文字资料是否齐全，精度保证和现势性达到什么程度，同时应对数据源的使用价值做出恰当的结论。

技术状况的调查分析包括对当前先进技术水平的调查和系统开发与管理人员技术水平的分析，从而确定系统开发的重点和难点，为组织技术攻关和保证系统顺利实施提出方案。

（三）把握好系统建设的时机

任何一项地籍信息系统工程都是需要与可能相结合的产物。如果这个条件不具备，那就不要勉强去做；如果这个条件已经具备了，那就要向有关领导做些宣传工作，帮助他们认识地籍信息系统工程的意义，促进地籍信息系统的建设。

二、用户需求分析

根据地籍信息系统的服务对象和应用领域，对用户信息加以分析提炼，定义系统功能，并对系统的逻辑模型进行描述，为系统设计做好准备。

（一）调查用户业务运作关系，定义需求功能

用户的业务运作关系本身就是一个具有内部功能结构和外部接口的运行系统，反复调查和充分理解这个运行系统，便能界定各个部门的功能范围及其关系、该系统与外部环境的信息交换关系、绘制运作关系框图、定义用户需求功能。在此基础上，做出数据流程分析，将业务运作过程和数据流程结合起来描述，从而得到数据流程的逻辑模型。

（二）定义空间数据和属性数据

在数据流分析的基础上，对数据流条目、加工条目和文件条目进行详细描述定义，列出组成这些条目的数据项及组织方式，定义数据类型、存储长度和取值范围。来源于各种表格的数据都有显示定义，而来源于图件的数据没有显示定义，应当特别注意，按类别给予显示定义。最后应当撰写用户需求分析报告，作为下一阶段系统设计的依据。

三、系统设计

系统设计是地籍信息系统工程的核心阶段。按设计层次系统设计又分为总体设计和详细设计。

（一）系统总体设计

系统总体设计的任务如下：

（1）确定子系统及其接口。总体设计应当综合考虑机构设置、功能范围、数据共享和运行过程四个方面的因素，作为划分子系统的依据，各子系统应当功能明确，在业务关系上构成一个有机整体。各子系统间的联系表现在数据共享、数据传递和子功能模块的调用等方面。因此，在设计接口时，既要保证有关子系统的联系畅通，又要严格规定公用数据的交换格式和使用权限。

（2）系统网络设计。系统网络设计主要包括系统主机、终端设备、外围设备之间的数据

通信设计,网络中的进程控制和访问权限设计等内容。

(3)硬软及软件配置。硬件包括工作站、微机、存储设备、扫描仪、绘图机及其他外围设备,按开发期和运行期分别予以配置。软件主要是指系统支持软件和开发应用软件。

(二)系统详细设计

详细设计在总体设计基础上进行,设计内容如下。

(1)数据库设计。根据系统的逻辑模型,进行数据模型设计和数据结构设计,建立空间数据库和属性数据库的连接关系。空间数据库设计主要是数据分层、属性项定义、属性编码和空间数据索引等。属性数据库设计主要是建立各种二维表,并按表结构存储数据,建立属性数据索引等。

(2)数字化方案设计。此项设计主要包括:选择数据采集方式;确定不同要素相应的数字化方法;根据需求功能和数据库组织数据的要求决定要素的选取与分层;确定各要素相互关系处理的原则;规定精度要求和作业步骤;等等。

(3)详细功能设计。详细功能设计通常采用结构化设计方法。这种方法以数据流程图为基础构成模块,由若干相对独立、功能单一的模块组合成系统。模块的质量直接关系到系统结构的优劣。每个模块都具有输入、输出和逻辑控制,具有运行程序和内部数据等属性,它们应当尽可能相对独立,功能分割明确,每一模块的修改和更新不影响其他模块。这就要求每个模块内部联系紧密、外部联系较少。结构化设计所使用的基本结构单位只有三种,即顺序结构、选择结构和循环结构。结构化程序可以采用自上而下逐步细化的方法来编写,每个程序块只有一个入口和出口,只完成特定的功能。

(4)界面设计。地籍信息系统软件是一个专业软件,但仍应为用户提供美观、友好的界面环境。界面通常设计成下拉式弹出汉字菜单,有的还配置精巧的图例,或加简要的说明,或采用向导的方式引导用户完成复杂的数据处理过程。

(5)系统安全设计。对用户进行分类,规定各类用户的操作级别,设计不同数据的访问权限,建立进入系统的口令与密码,建立系统运行跟踪记录文件。

(6)输入或输出设计。规定数据输入方式和图形以及图表输出结果的形式,确定输入、输出数据的精度,选定输入、输出设备。

四、系统实现和系统评价

系统实现和系统评价主要是完成系统物理模型的建立,并请专家和用户对系统进行评价。其具体工作如下:

(1)程序编制与调试。在开发平台软件基础上,逐个实现设计阶段定义的功能。每个模块都应传递样区数据,以检验该模块的功能。

(2)根据建库方案准备数据,并进行数据采集。

(3)子系统联网,并测试运行效率。

(4)进行系统评价。

(5)编写用户手册、操作手册和测试报告。

(6)培训操作人员。

五、系统运行与维护

系统维护是保证系统正常运行、决定系统生命周期的重要手段。其具体工作如下:

(1)数据实时更新,维护数据库的现势性。

(2)完善系统功能,满足用户最新要求。

(3)完成硬件设备的维护和更新。

参考文献

[1] 杨朝现.地籍管理[M].北京:中国农业出版社，2020.

[2] 陈竹安.地籍测量学实习指导书[M].北京:地质出版社，2018.

[3] 王华春，苏根成.地籍管理[M].2版.北京:北京师范大学出版社，2017.

[4] 涂小松.地籍与不动产登记管理[M].南昌:江西教育出版社，2017.

[5] 周立新.不动产测量与管理[M].昆明:云南科学技术出版社，2020.

[6] 黄瑞，吴玮.卫星定位测量技术[M].北京:测绘出版社，2019.

[7] 李建，林元茂.地形测量[M].徐州:中国矿业大学出版社，2018.

[8] 焦明连，朱恒山，李晶.测绘与地理信息技术[M].徐州:中国矿业大学出版社，2018.

[9] 徐绍铨.GPS测量原理及应用[M].武汉:武汉大学出版社，2017.

[10] 伊晓东，金日守，袁永博.测量学教程[M].3版.大连:大连理工大学出版社，2017.

[11] 梁玉保.地籍调查与测量[M].3版.郑州:黄河水利出版社，2016.

[12] 张博.地形测量实训[M].北京:中国水利水电出版社，2016.

[13] 谭立萍，孙艳崇.数字化地形地籍测量与实训指导书[M].西安:西安交通大学出版社，2014.

[14] 陈传胜，刘小生.地籍与房产测量[M].武汉:武汉理工大学出版社，2014.

[15] 王依，廖元焰.地籍测量[M].北京:测绘出版社，2008.

[16] 周建郑.GNSS定位测量[M].北京:测绘出版社，2014.